"十四五"精品课程规划教材
——艺术类

餐饮空间设计

主编　周　江　张筱禹　李逸轲

吉林大学出版社

图书在版编目（CIP）数据

餐饮空间设计 / 周江, 张筱禹, 李逸轲主编. -- 长
春 : 吉林大学出版社, 2024.4
　　ISBN 978-7-5768-2724-8

　　Ⅰ.①餐… Ⅱ.①周… ②张… ③李… Ⅲ.①饮食业
–服务建筑–建筑设计 Ⅳ.①TU247.3

中国国家版本馆CIP数据核字(2023)第236873号

书　　　名：餐饮空间设计
　　　　　　CANYIN KONGJIAN SHEJI

作　　　者：周　江　张筱禹　李逸轲
策 划 编 辑：张宏亮
责 任 编 辑：滕　岩
责 任 校 对：王寒冰
装 帧 设 计：雅硕图文
出 版 发 行：吉林大学出版社
社　　　址：长春市人民大街4059号
邮 政 编 码：130021
发 行 电 话：0431-89580028/29/21
网　　　址：http://www.jlup.com.cn
电 子 邮 箱：jldxcbs@sina.com
印　　　刷：凯德印刷天津有限公司
开　　　本：787mm×1092mm　　1/16
印　　　张：11.5
字　　　数：200千字
版　　　次：2024年4月　第1版
印　　　次：2024年4月　第1次
书　　　号：ISBN 978-7-5768-2724-8
定　　　价：69.80元

写在前面的话

　　"餐饮空间设计"是室内设计专业、建筑装饰专业和环境艺术专业的一门综合性较强的专业主干核心课程。

　　本教材力求通过对餐饮空间设计进行系统性的分析讲解及案例的评析，为学生建立起餐饮空间设计学习的基本知识框架，在对餐饮空间认知的基础上培养设计运用能力。内容上，本教材分为理论篇和实践篇两个部分。其中理论篇分为基础知识与技能要求、设计概念与基本设计要素；实践篇分为项目解读与功能分析、创意来源与设计流程、设计深化与效果表达。

　　本教材《餐饮空间设计》主要是针对艺术设计空间环境专业学生学习需要而编写。教材根据实际专业教学特点编写具体项目内容，帮助学生掌握餐饮空间设计的最终专业学习目标。本教材更侧重于理论和设计实践结合教学的学习方法，通过借鉴优秀的教学经验和项目成果，强化学生直观而清晰地学习和掌握餐饮空间设计的核心专业知识，培养学生专业实践项目消化能力。

　　根据环境艺术设计专业的教学性质，《餐饮空间设计》这本教材以理性和理论知识教学为导引，采取案例教学和项目创意设计启发为主体的实践性教学，在作品分析中讲解餐饮空间设计原理，在作业实训项目中理解和掌握基本原理和形式法则及培养专业能力，引导学生去审美、去思考、去动手。餐饮空间的设计体现了每一个时代都凸显出其本质的社会性、创造性和时代感的公共交流场所，更好更专业地学习餐饮空间设计将会为我们的社会提供更为人性化、时尚性的公共空间，美化我们的生活。

　　本书由上海师范大学天华学院周江、无锡商业职业技术学院张筱禹、安徽中澳科技职业学院李逸轲担任主编；潍坊科技学院张莹、芜湖职业技术学院刘光磊、成角（上海）设计咨询有限公司曹鹿、常州刘国钧高等职业技术学校俞映千、齐齐哈尔理工职业学院李赫担任副主编。

　　感谢大家的帮助与支持，希望各位专家、同行不吝赐教，多提宝贵意见。

周　江

课程导入

提出问题：学什么——餐饮空间设计——何为餐饮空间？需要设计吗？？

为什么——社会发展的需求；

餐饮功能的需求；

专业教学的需求。

如何学——餐饮空间需要设计的内容是什么？

餐饮空间需要什么样的设计？

餐饮空间的设计教学方法。

课程介绍

课程名称：《餐饮空间设计》（Dining Space Design）

学时：64（理论12，实践52） 学分：4

课程类别：专业必修课

基础课程：设计构成、居住空间设计、建筑设计、人体工程学等

先修课程：建筑空间与形态、室内空间规划及基础、计算机辅助设计等

后续课程：公共环境设计、小区规划、园林景观设计、照明灯光设计等

适用专业：环境设计专业

课程性质

餐饮空间设计是指对餐饮空间在布局、格局、空间上的物理和心理分割。餐饮空间设计需要考虑科学技术、人文艺术等诸多因素。餐饮空间设计的最大目标是要为用餐顾客及服务人员创造一个舒适、方便、卫生、安全的餐饮和工作环境，以便更大限度地提升用餐顾客的舒适感以及员工的工作服务效率。

"餐饮空间设计"是环境艺术设计专业的专题设计课程之一，该课程通过循序渐进的方式由浅入深地将学生引入室内综合设计的专业学习阶段，使学生认识到现代餐饮空间与人的物质需求、心理需求的关系，使学生掌握餐饮空间设计的基本原理和表现手段，了解餐饮空间设计的人机工程学、空间尺度、消费心理学、基本建筑法规、建筑防火要求等知识点，为以后的专业设计课程学习打下坚实的基础。

"餐饮空间设计"作为是环境艺术设计专业的核心课程，是环境艺术设计一个重要的专业方向，它根据餐饮空间的使用功能、员工的精神心理需求及业主的审美趋向展开专业教学，使设计师必须具备丰富、扎实的专业知识。如设计的三大构成，素描、图案、专业制图知识，人机工学原理，建筑常识，基本建筑法规，建筑防火知识，空间透视规律，空间美学规律，软装配饰，家具灯具选型知识等。

《餐饮空间设计》介绍了餐饮空间设计的概念及分类，阐述了餐饮空间设计中的人体工程学、照明、色彩、空间界面等设计元素的设计方法与要点，提出了餐饮空间的功能分区及配置要

求，并就餐饮空间的设计流程结合工程实例进行论述，使学生掌握设计过程中的方法和技巧，使学生能真正掌握餐饮空间装饰工程的全过程，从而独立完成项目设计。

《餐饮空间设计》既可作为本科院校、高职高专、成人高等院校等相关专业学生的学习用书，也可作为社会相关领域的专业设计人员和业余爱好者的参考读物。

教学目标

本课程培养学生能根据顾客用餐需求、设计任务书以及所针对的顾客进行餐饮空间设计课程教学的探索，设计出符合该区域的餐饮空间，强化项目可行性、可操作性，增强学生实践实际餐饮参与度和项目实战能力，围绕"培养具有大设计意识、国际视野、人文情怀与工匠精神的高技能设计创新人才"的培养目标，培养符合社会需求的实用型、高技能人才，通过工学结合，坚持"高技能、有创意、懂材料、会制作"的人才目标，走产教融合、协同创新的办学道路，实现专业与职业的有效对接。

首先，餐饮空间设计教学以项目为引领，不放弃原有的专业理论体系。坚持理论与实际相结合的教学要求。本课程把餐饮空间设计的一些基本理论知识传授给学生，让学生形成系统的理论体系。

其次，本课程通过项目包引领学生的思维，把岗位餐饮项目转换为学习项目，形成以培养岗位能力为核心的项目课程，对课程体系、教学内容和教学模式进行全面改革，把基本空间理论与实际项目结合起来。

最后，教育模式围绕"项目制"教学展开，实现教学内容项目化、学习情境岗位化、学习过程职业化、学习成果社会化，以强化学生职业核心能力，优化学生职业迁徙能力，提升学生职业综合素质，实现学生向职业人的有效转换。

课程名称	课程教学目标				课程教学内容	计划课时
	目标		目标分项			
餐饮空间设计	理论篇	第一部分	基础知识与技能要求	专业理论	课程性质	熟悉了解餐饮空间设计课程的性质、要求、目标及学习方法。强化为完成本课程需求的各种专业技能，做好学习准备	4
					课程要求		
					课程目标		
					教学方法		
				专业技能	专业基础	学习掌握专业构成学理论和技能。学习掌握专业技能和运用规律。学习掌握专业理论和调研学习方法	
					专业技能		
					专业理论		
		第二部分	设计概念与基本设计要素	空间概念	设计概念	学习掌握餐饮空间设计概念。学习掌握餐饮空间设计基本原则与程序	2
					基本原则和程序		
				空间分类	多功能餐饮空间形态	学习掌握餐饮空间设计的要求。学习把握餐饮空间设计中人、机、环境之间的相互关系和作用。学习掌握不同产业空间设计的差异化特征，进而研究分析得出结论与量化的数据，以图表形式开展学习汇报准备	4
					宴会厅餐饮空间形态		
					中餐厅餐饮空间形态		
					西餐厅餐饮空间形态		
					风味餐厅餐饮空间形态		
					咖啡馆餐饮空间形态		
					酒吧餐饮空间形态		
					自助餐厅餐饮空间形态		
					快餐厅餐饮空间形态		
				功能构成和设计标准	餐饮空间功能	学习掌握餐饮空间设计使用功能。学习掌握餐饮空间设计功能类别以及设计标准	
					餐饮空间设计标准		

续表

<table>
<tr><th rowspan="2">课程名称</th><th colspan="5">课程教学目标</th><th rowspan="2">课程教学内容</th><th rowspan="2">计划课时</th></tr>
<tr><th colspan="4">目标</th><th>目标分项</th></tr>
<tr><td rowspan="17">餐饮空间设计</td><td rowspan="12">理论篇</td><td rowspan="12">第二部分</td><td rowspan="12">设计概念与基本设计要素</td><td rowspan="5">设计要素</td><td>舒适度的感知</td><td rowspan="5">了解餐饮空间设计的设计要求。
学习把握餐饮空间设计中人、机、环境之间的相互关系和作用</td><td rowspan="12">2</td></tr>
<tr><td>设计功能的相互联系</td></tr>
<tr><td>人与产品的相互联系</td></tr>
<tr><td>文化的沉淀及运用的相互联系</td></tr>
<tr><td>人与环境的相互联系</td></tr>
<tr><td rowspan="5">系统设计</td><td>餐饮空间平面布局</td><td rowspan="5">学习和掌握餐饮空间设计系统方法和程序。
运用学习的专业知识开展初期设计实践，检验知识点的掌握情况。
分别针对界面设计、灯光设计通过实际项目案例和优秀大师作品进行研究分析</td></tr>
<tr><td>餐饮空间界面设计</td></tr>
<tr><td>餐饮空间照明设计</td></tr>
<tr><td>餐饮空间细部设计</td></tr>
<tr><td>优秀案例赏析</td></tr>
<tr><td rowspan="2">发展趋势</td><td>设计重点</td><td rowspan="2">探索未来餐饮空间设计的重点。
了解学习未来餐饮空间设计创新发展的新趋势、新思维及新的专业规划方向</td></tr>
<tr><td>发展趋势</td></tr>
<tr><td rowspan="5">实践篇</td><td rowspan="5">第一部分</td><td rowspan="5">项目解读与功能分析</td><td rowspan="2">项目解读</td><td>前期调研</td><td rowspan="2">针对餐饮空间设计实地现场展开环境、结构及相关问题的调研，了解使用功能、预算以及用户信息，进行设计前的各项指标的评估。
开展项目规划设计、项目设计说明及项目任务书设计</td><td rowspan="5">4</td></tr>
<tr><td>任务规划</td></tr>
<tr><td rowspan="3">功能分析</td><td>工作空间功能分析</td><td rowspan="3">对于餐饮空间设计的各个空间进行详细的功能分析。
区分各个区域功能的作用并进行有效的设计比重规划和风格形式的设计规划。
结合实际项目具体需求内容开展深化功能分析以及设计实施的可能性分析</td></tr>
<tr><td>辅助空间功能分析</td></tr>
<tr><td>交通空间功能分析</td></tr>
</table>

餐饮空间设计
DINING SPACE DESIGN

续表

课程名称	课程教学目标			课程教学内容	计划课时
	目标		目标分项		
餐饮空间设计	实践篇	第二部分 餐饮空间设计流程	设计定位及调研	定位阶段 调研阶段 设计意识	对项目课题进行精准设计定位。 针对性开展各项项目调研分析。 构建专业的项目小组及学习氛围	
			设计创意	创意来源 创意思维 创意方法	展开发散设计思维，采集设计素材。 针对设计素材进行设计创新研究。 形成符合课题设计的设计方案意向及设计方法，明确落实设计目标	12
			方案设计	概念方案设计 总平面布局核心要素 总平面布局功能内容 总平面布局表现形式 总平面布局流线设计 案例分析	形成多维度、多角度、多形态等多个初步设计方案，提供课题谈论及研究分析。 通过总平面布局的功能性进行设计表现，完成课题设计方案的中期设计过程，形成一个较为完整的设计方案。 继续通过总平面布局进行用户动态、静态等实际功能性流线深化设计分析，完善总平面布局的设计方案。 学习过程中引入优秀案例拓展设计视角和设计思维	
		第三部分 设计深化与效果表达	照明设计	质量分析 照明方式 区域照明	展开课题照明深化设计，围绕照明方式、灯具运用、功能照明等方面进行设计。 详细分析课题核心设计目标及设计使用功能，确定具体的照明设计	36
			色彩设计	特征属性 心理效应 设计原则	展开课题色彩深化设计，针对用户色彩体验、色彩使用心理、设计色彩运用以及色彩功能分析等方面进行。 详细分析课题核心设计目标及设计使用功能，确定具体的色彩设计	
			材料设计	性能特点 选用原则	展开课题材料深化设计，围绕用户材料性能特性、设计风格及属性、设计材料与色彩运用以及材料功能分析等方面进行 详细分析课题核心设计目标及设计使用功能，确定具体的材料设计	
			任务书	功能设计 案例分析	使用建筑设计规范附录	

课程内容

教学方法

①教师需要加强对学生实际职业能力的培养，强化案例教学法或项目教学法，注意通过任务引领型案例或实际项目来激发学生兴趣，使学生在案例分析或项目完成的过程中掌握餐饮空间设计的基本要领。

②课堂应以学生为本，注重教学互动、教学相长，通过选用典型设计项目，由教师提出要求或示范，组织学生进行活动，让学生在活动中增强职业意识、掌握职业能力。

③教师注意职业情景的创设，以多媒体、录像、案例分析、角色扮演、实验实训等多种方法来提高学生分析问题和解决问题的职业能力。

④教师必须重视实践，更新观念，加强校企合作，实现工学结合，走"产、学、研"相结合的道路，探索教育的新模式，为学生提供自主发展的时间和空间，提供轮岗实训的机会和平台，积极引导学生提升职业素养，努力提高学生的创新能力。

课程考核方式、期末大作业简介

根据教学进度布置课后作业，检验相应《餐饮空间设计》知识的掌握度和熟练度及设计要领，以小组完成《餐饮空间设计》指定课题所制作的设计报告的形式提交设计电子文件及《餐饮空间设计》作品模型。

《餐饮空间设计实践调研报告》

①根据课程要求，完成制作PPT实践调研报告。

②根据实践内容要求，按照学习进度和作业要求及时递交实践学习报告，不得无故拖延；调研目标明确，文档规范，格式正确。

《餐饮空间设计方案汇报》

①以小组为单位完成《餐饮空间设计方案汇报》，明确小组成员分工及设计过程；

②完成汇报课题方向、文稿和提案稿本撰写，汇报方案的制定、计划表及最终演讲汇报和课题评估；

③完成《餐饮空间设计》所有设计程序环节；

④每位同学须提交课程学习心得体会和小组学习日志，期末提交本课程总结和课题总结；

注：《餐饮空间设计》作业物理模型原则上比例为：1∶100，材料不限 。

《餐饮空间设计方案汇报》具体要求

①调研报告：课题来源背景、依据以及课题设计的意义和目的。

②案例分析：与课题相关的设计案例分析，每位同学手绘临摹10张。

③设计图纸：每个小组5张以上A3手绘方案草图精修，以及5张电脑效果图（包括细节结构效果图）。

④设计制图（平面图、地坪图、天花图、流线图、灯位图、开关插座详图、大样节点图等施工图，比例自定、带目录、带设计说明、带尺寸、带图框）。

7

⑤设计分析:

目标人群——确定适用人群分析其行为特征与餐饮空间之间的关系;

适用环境——确定适用环境分析其行为特征与餐饮空间之间的关系;

色彩定位——研究适用人群和餐饮空间的行为、功能、文化特征进行色彩设计;

材质定位——研究适用人群和餐饮空间的行为、功能、文化特征进行材质设计;

功能定位——研究适用人群和餐饮空间的行为、需求、文化特征进行功能设计;

人机定位——研究适用人群和餐饮空间的形态、功能、色彩特征进行人机设计;

⑥设计制作:展板(竖版)900×1 500 mm每个小组打印1块;《餐饮空间设计》作业物理模型原则上材料不限(原则上比例为:1∶100,材料不限);

⑦设计总结:每个人针对课程及课题作出学习总结;

⑧参考文件:不得少于10篇与课题相关的参考文献原文(电子文件);

⑨注意:以上作业内容制作成设计报告文件(PPT在50页左右);

⑩顺序:封面—扉页—小组成员介绍(须有个人相片)—前言(开题报告内容)—目录—市场调研—案例分析—设计定位—设计阶段—设计分析—设计制作—设计总结—参考文件—学习花絮;

⑪课题小组(至少2人以上,原则上不超过4人);

⑫作业上交格式:一级文件夹(第×学期《餐饮空间设计》+第×小组作业);

二级文件夹(文件+作品);

三级文件夹(文件—《餐饮空间设计实践调研报告》+总结)、

(作品—汇报手册、展板、展示效果短视频)、

(源文件、草图、学习过程花絮)。

《餐饮空间设计》评分标准

①设计表现形式:有深入分析需求,能够解决现实问题,设计具有较强的综合表现能力,节能降耗、绿色环保理念、考虑使用人群及环境、用户体验等,能充分表现设计者的设计意图(20分)。

②设计形式创新:功能合理,有创造性设计,具备前瞻性、新颖性、独创性、符合现代社会的审美趋势(20分)。

③产业化可行性:材料、结构与技术应用完整准确,空间环境设计适度,体现设计风格和设计价值,色彩设计协调,充分考虑到实际价值,具备实际可操作性的实现可能(20分)。

④手册、展板与模型制作:按照作业格式要求及标准完成(40分)。

目　　录

理论篇（12学时）

实践篇（52学时）

理论篇（12学时）

说在课程前面的话

课程目标——继承和发扬中国传统优秀文化和民族精神

了解和熟悉学习性质及课程内容与教学任务

熟悉和掌握学习目标及课程各阶段教学方法

熟练掌握餐饮空间的基本设计原理、方法及规律

具备餐饮空间设计的基本能力

课程要求——强化手绘、色彩、空间构成表达能力训练，融合课程专业任务

了解人机工程学、设计心理学基本原理及方法，熟悉人体常用尺度

掌握空间建造基础知识及材料与工艺特性

学习方法——加强实践动手能力的培养"学"中"做"、"做"中"学"

以"实题虚做""虚题实做"形式采用案例项目带动专业学习

理论与实践相融合，课堂讲授为主与课外实操为辅一体化专业教学

教学步骤——理论讲解餐饮空间的相关概述、基本类型、基本元素

强化餐饮空间课程专业技能的训练及表现形式

构建空间建造基础、材料与工艺与餐饮空间的相互联系

考核评价——平时作业与期末大作业相结合进行考核评估，使学生掌握本课程知识内容和学

习任务，最终以大作业形式展示本课程学习成果及知识重点

第一部分　基础知识与技能要求（4学时）

课程基础知识模块

1. 专业基础理论

1.1　概述

俗语说，"民以食为天"。饮食是人们生存需要解决的首要问题。2000年以来，随着第一、第二产业的迅速发展，人们逐渐步入小康生活，消费能力也不断提高，使得第三产业（服务业），尤其是餐饮企业成为消费的热点，也成了第三产业的支柱产业，一直在社会发展和人们生活中发挥着重要作用。

餐饮业是集即时加工制作、商业销售和服务性劳动于一体，向消费者专门提供各种酒水、食品、消费场所和设施的食品生产经营行业。按欧美《标准行业分类法》的定义，餐饮业是指以商业营利为目的的餐饮服务机构。在我国，据《国民经济行业分类注释》的定义，餐饮业是指在一定场所，对食物进行现场烹饪、调制，并出售给顾客，主要供现场消费的服务活动。

餐饮行业体现着各国乃至世界的餐饮文化，并且在席卷全球的都市化潮流中，表现出强劲的成长与盈利能力。市场产品的丰富以及第三产业的迅速发展也影响着居民的饮食习惯。人民的生活水平的大幅度提高以及由此带来旅游事业的发展、社交活动、商业贸易活跃、大量的流动人员、各种喜庆节日以及工作地点离家较远等，都使得在外用餐的人越来越多。为了适应这一发展趋势，除了进一步讲究食物本身的营养成分和味、形、色之外，更应该创造出符合人们生活方式和饮食习惯的餐饮类建筑空间和相应的环境气氛。

餐饮空间的设计范围包括了饭店、宾馆、酒店、会所、度假村、娱乐场所等餐饮系统以及各种营利性餐饮服务机构和非营利性及半营利性餐饮服务机构。改革开放之后，餐饮业作为我国第三产业的支柱性行业，到目前为止其发展大致经历了四个阶段（见表1-1）。2012年底，改进党内工作作风问题的中央八项规定出台之后，加速了我国餐饮业的转型，未来餐饮业会更加注重普通民众的消费需求，中端餐饮企业的市场越来越火爆，过去针对各种消费对象的餐厅将被特色鲜明的品牌餐厅所代替。餐饮空间设计呈现出环保化、多元化、智能化、主题化的发展趋势。

表1-1　中国餐饮业发展的四个阶段

起步阶段	1979—1990年	计划经济下国营及供销系统餐饮企业
起飞阶段	1990—2000年	豪华宾馆、酒楼模式的餐饮企业
多元化发展阶段	2000—2005年	中小型特色餐饮的多元化模式
品牌化发展阶段	2005年至今	集团化、品牌化、连锁化的时尚模式

1.2　课程性质

餐饮空间设计需要考虑多方面的问题，涉及科学、技术、人文、艺术等诸多因素。餐饮空间室内设计的最大目标就是要为工作人员创造一个舒适、方便、卫生、安全、高效的工作环境，以便更大限度地提高员工的工作效率。这一目标在当前商业竞争日益激烈的情况下显得尤为重要，它是餐饮空间设计的基础，也是餐饮空间设计的首要目标。

餐饮空间是空间设计中的重要组成部分，是对餐饮空间的布局、功能、空间性格以及空间的物理、心理的科学分配管理的有效科学的专业设计。餐饮空间设计涉及社会学、心理学、人机工程学、材料学、工艺制造、文化与艺术等诸多学科因素，专业而系统性地处理人、机、环境的相互关系，为使用者创造一个安全、宜人、科学、高效、舒适、满足实际功能的良好工作环境，提高工作效率。

餐饮空间在环境空间设计中凸显出中华优秀传统文化及优良美德，会使我们传统的待人接物、美食文化、和谐社会的民族情怀得到极大的发扬和传承。在公共环境的餐饮空间氛围中体现我们民族的人文精神和博大思想。

餐饮空间设计是环境艺术设计专业主要核心课程之一，通过学习使学生掌握现代餐饮空间中人与产品、环境内在的相互关联，在物质和心理方面给予更多的专业性支持，实现餐饮空间功能最大化。掌握餐饮空间设计的专业理论原理和实践技能，了解专业性的人机工学、空间尺度、消费心理学、基本建筑法规、建筑消防防火要求，为从事职业化设计工作打下坚实的基础。

餐饮空间设计作为环境艺术设计专业系列课程中的重要组成部分，要求学生具备宽广的专业理论知识、专业技能及专业综合素养，其中包括：平面构成、立体构成、色彩构成、光构成、静态构成、动态构成等构成学基础，同时要具备专业素描、色彩、图案等美学基础训练（见图1-1，1-2，1-3），另外还要学习专业工程制图、空间透视学、设计手绘及计算机辅助设计表达、建筑材料与工艺、软装配饰、家具设计、灯具选型等专业知识，餐饮空间设计对于环境空间设计的重要性不言而喻。

　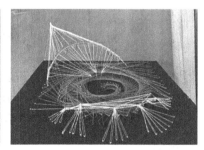　

图1-1　图案　　　　　　　　　图1-2　构成　　　　　　　　　图1-3　色彩

1.3 课程要求

根据餐饮空间设计课程教学计划和大纲要求，课程教学目标、内容如表1-2所示。

表1–2 课程教学内容与任务分配表

课程名称	课程教学目标			课程教学内容	计划课时
	目标	目标分项			
餐饮空间设计	理论篇 第一部分 基础知识与技能要求	专业理论	课程性质	熟悉了解餐饮空间设计课程的性质、要求、目标及学习方法。 强化为完成本课程需求的各种专业技能，做好学习准备	4
			课程要求		
			课程目标		
			教学方法		
		专业技能	专业基础	学习掌握专业构成学理论和技能。	
			专业技能	学习掌握专业技能和运用规律。	
			专业理论	学习掌握专业理论和调研学习方法	
	第二部分 设计概念与设计要素	设计概念	空间功能	学习掌握餐饮空间设计使用功能。	8
			空间分类	学习掌握餐饮空间设计功能类别	
		设计要素	设计要求	了解餐饮空间设计的设计要求。	
			设计要点	学习把握餐饮空间设计中人、机、环境之间的相互关系和作用	
		发展趋势	设计重点	探索未来餐饮空间设计的重点。	
			发展趋势	了解学习未来餐饮空间设计创新发展的新趋势、新思维及新的专业规划方向	
	实践篇 第一部分 项目解读与功能分析	项目解读	前期调研	针对餐饮空间设计实地现场展开环境、结构及相关问题的调研工作，了解使用功能、预算以及用户信息，进行设计前的各项指标的评估。	4
			任务规划	开展项目规划设计、项目设计说明及项目设计任务书的工作	
		功能分析	工作空间功能分析	对于餐饮空间设计的各个空间进行详细的功能分析。	
			辅助空间功能分析	区分各个区域功能的作用并进行有效的设计比重规划和风格形式的设计规划。	
			交通空间功能分析	结合实际项目具体需求内容开展深化功能分析以及设计实施的可能性分析	

4

续表

课程名称	课程教学目标				课程教学内容	计划课时
		目标		目标分项		
餐饮空间设计	实践篇	第二部分	创意来源与设计流程	设计定位及调研：定位阶段	对项目课题进行精准设计定位。 针对性开展各项项目调研分析。 构建专业的项目小组	12
				设计定位及调研：调研阶段		
				设计定位及调研：意识态度		
				设计创意：创意来源	展开发散设计思维，采集设计素材。 针对设计素材进行设计创新研究。 形成符合课题设计的设计方案意向及设计方法，明确落实设计目标	
				设计创意：创意思维		
				设计创意：创意方法		
				概念设计：初步概念方案设计	形成多维度、多角度、多形态等多个初步设计方案，提供课题谈论及研究分析。 通过总平面布局的功能性进行设计表现，完成课题设计方案的中期设计过程，形成一个而较为完整的详细设计方案。 继续通过总平面布局进行用户动态、静态等实际功能性流线深化设计分析，完善总平面布局的设计方案。 学习过程中引入优秀案例拓展设计视角和设计思维	
				概念设计：总平面布局核心要素		
				概念设计：总平面布局功能内容		
				概念设计：总平面布局表现形式		
				概念设计：总平面布局流线设计		
				概念设计：案例分析		
		第三部分	设计深化与效果表达	照明设计：评价指标	展开课题照明深化设计，在照明方式、灯具运用、功能照明等进行设计。 详细分析课题核心设计目标及设计使用功能，确定具体的照明设计	36
				照明设计：照明方式		
				照明设计：照明运用		
				照明设计：区域照明		
				色彩设计：特征属性	展开课题色彩深化设计，在用户色彩体验、色彩使用心理、设计色彩运用以及色彩功能分析等方面进行设计。 详细分析课题核心设计目标及设计使用功能，确定具体的色彩设计	
				色彩设计：心理效应		
				色彩设计：设计原则		
				色彩设计：区域色彩		
				材料选配：性能与特点	展开课题材料深化设计，针对用户材料性能特性、设计风格及属性、设计材料与色彩运用以及材料功能分析等方面进行。 详细分析课题核心设计目标及设计使用功能，确定具体的材料设计	
				材料选配：选用原则		
				材料选配：功能设计		

1.4 教学目标

知识目标：学习餐饮空间设计的基础理论和专业设计理论，掌握餐饮空间环境行为特征及属性，熟悉并掌握餐饮空间设计流程、工艺及标准，熟悉餐饮空间设计常用材料分类、性能及工艺方法，熟练掌握餐饮空间设计专业技能及表现手法。

能力目标：学习并运用与用户之间的设计沟通知识，将用户诉求转化为设计方案并将其落地实现的能力；熟悉并掌握餐饮空间设计的设计功能特性、工艺技术及设计展现方法，强化手绘和计算机辅助设计的专业能力；熟悉餐饮空间设计的施工工艺流程及管理流程和方法，培养专业的职业能力及专业素养。

思政目标：弘扬民族精神，传承中华优秀传统文化及美德，在当今社会安定、物质丰富飞速发展的大环境下，积极倡导和继承我们国家的历史文明精髓以及时代楷模的优良品质和时代精神，积极输出正能量，为我们的国家发展添砖加瓦。

1.5 教学方法

"学中做，做中学"的项目带动教学模式，通过大量的"实题实做""实题虚做""虚题实做""虚题虚做"等实操性较强的专题训练来强化餐饮空间设计基础技能到综合技能的能力培养，最终实现餐饮空间设计专业教学的培养目标。

课堂授课——在发扬中华优秀传统文化和智慧的基础上，智慧教室的多功能条件下的理论讲解，注重讨论、启发、互动等沉浸式体验理论与实际项目案例的设计过程，采用实地现场调研分析与创新思维训练相结合的实操性学习方式，打好餐饮空间设计理论基础并联系实际情况，培养学生专业理论素养。

项目带动——结合实际项目或者虚拟项目带动理论学习实践，采取小组合作工作室模式将企业设计流程引入专业课堂教学，让学生切身感受到实景设计氛围和工作状态，体验设计过程，这是餐饮空间设计专业极具特色的教学范式。

设计批评——如何将设计过程及设计成果成功地实现并让大家接受，这是很多设计师在实际工作中长期会碰到的最头痛的问题。通过设计批判与讲评提升同学分析、设计、实现落地的能力，经过设计课题结题答辩实现学生自我设计成就感，激发大家的专业设计兴趣，增强专业学习的可持续性和创造性。

2. 专业基础技能

2.1 专业基础

具有专业基础、专业技能和美学理论能力，是保证餐饮空间设计顺利进行的重要基础。长期的、专业的训练和实践，结合对于周围事物的观察、分析及元素提炼等，构成了餐饮空间设计实施的不可或缺的前提条件。

2.1.1 美术基础

作为艺术设计专业而言，扎实的美术基础和良好的审美意识，是餐饮空间设计专业学习可持续发展的基础保障，其中专业素描和专业色彩尤为重要。

素描能力对于空间构图、空间透视、形态分析、空间设计表现等极具专业化的作用（见图1-4，1-5，1-6，1-7）。素描能力体现了设计的思维、审美理念和个性，对学生的空间造型的训练、空间光影的训练、空间速写的训练、空间思维的训练起到重要作用，是专业设计学习环节的重要组成部分，是专业设计中的重要基础。

　　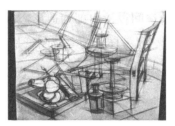

图1-4　肌理　　　　　　　　图1-5　结构素描

色彩对于餐饮空间设计同样重要，餐饮空间的色彩设计涉及材料、配饰、家具、灯光效果等方面。通过对色彩学色相、明度、纯度基本要素的学习，掌握色彩的三原色及其各种组合，实现物理光影、心理情感、艺术视觉的反应，用科学的方法合理地处理光和色在人们生活中的美学、生理和心理的反应，达到实现餐饮空间设计的目标。

图1-6　速写　　　　　图1-7　形式　　　　　图1-8　空间

2.1.2　构成基础

现代构成学对于餐饮空间的设计运用和意义在于通过点、线、面、块、体不同基础形态元素对餐饮空间的设计空间物体的元素化认知，从多维度对空间展开平面关系、色彩关系、空间关系的综合性训练。现代构成作为艺术设计的视觉语言，直接将形态、色彩、空间（见图1-8，1-9，1-10，1-11）等元素作为构成主体，在我国优秀传统历史文化长河中有太多的文化遗迹和元素可供学习和参考，无论是在建筑营造，还是家具器物等方面，都可以通过以抽象的几何图形、随机图形及各种形态基本型的变化作为主要表现形式，运用科学的形式美法则——统一与变化，造出强烈的餐饮空间的设计空间感、节奏感、方向感、秩序感、韵律感、面积、比例、围合、聚集、发散、旋转等无数视觉效果，形成了现代餐饮空间的设计专业的基本框架，是现代美学应用于餐饮空间的设计专业的基础训练。

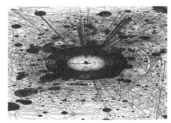　　　　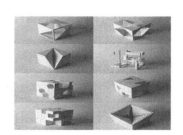

图1-9　材料　　　　　图1-10　综合关系　　　　图1-11　空间分析

2.2 专业技能

2.2.1 测绘制图能力

测绘和制图能力是环境设计专业必备的设计能力。可以如实反映设计现场的实际情况，是考核学生的现场空间掌控能力和图纸表达能力的关键，也是餐饮空间设计沟通的主要途径。餐饮空间设计相比较其他空间设计内部构造形态较为复杂，因此，对现场空间的测绘（见图1-12，1-13）并将现场情况、尺寸转换为专业图纸是设计准确的重要前提。

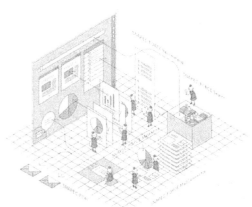

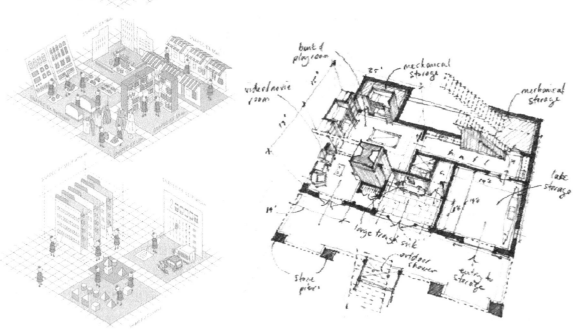

图1-12　空间测绘1　　　　　　　　　　　图1-13　空间测绘2

2.2.2 手绘表达能力

学习设计专业手绘能力是环境设计专业必备的设计能力，是学习餐饮空间设计的基本素质和能力的体现。设计手绘（见图1-14，1-15，1-16）可以方便快捷地将设计意图描述、记录下来，方便专业学习和项目实践沟通交流。

图1-14　手绘1

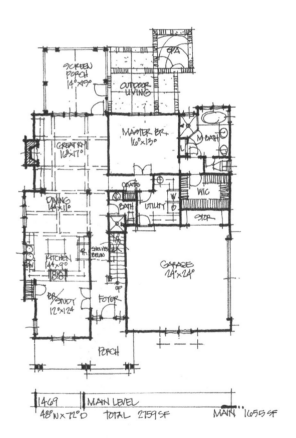

图1-15　手绘2　　　　　　　　　图1-16　手绘3

2.2.3　模型制作能力

　　在我国出土的汉代的文物"明器"就已经充分地体现出关于模型建造在实际生活中的广泛运用以及重要的文化地位。同样，模型设计制作是环境设计专业必修的专业课程之一。以不同的

空间为对象，运用不同的材料来塑造、研究事物在三维空间中的空间现象和规律，是设计实施和体现的最有效的方法。训练的过程是学习和掌握不同材料和不同的加工工具及工艺方法的模型制作。掌握模型制作的各个环节，实现餐饮空间设计为主要实训环节的作业（见图1-17，1-18，1-19，1-20，1-21），完成各种空间的塑造。

图1-17　学生作业1

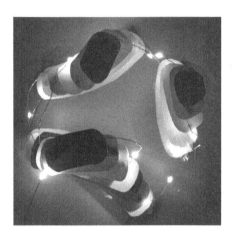

图1-18　学生作业

图1-19　学生作业3

图1-20　学生作业4

图1-21　学生作业5

2.2.4　排版设计能力

排版设计（见图1-22，1-23）是设计表达的重要手段之一。通过对图片、文字、色彩等基础设计元素进行个性化的专业编排组合，达到传达设计信息的目的。排版设计也是餐饮空间设计逻辑关系呈现的必要过程，专业、精致、时尚的餐饮空间设计可以更加凸显设计的内涵。

<table>
<tr><td>图1-22　排版设计1</td><td>图1-23　排版设计2</td></tr>
</table>

2.2.5　电脑设计能力

学习餐饮空间设计少不了专业软件的支持。本课程所需要的专业软件主要包括Auto CAD、SketchUp、3DMAX、PS、AI、ID等，电脑辅助设计（见图1-24，1-25，1-26）可以强化设计效果，是现在餐饮空间设计必不可少的工具。

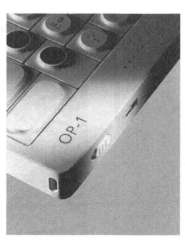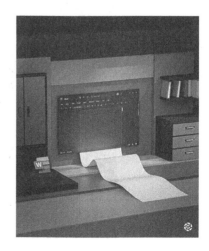

图1-24　计算机辅助设计1　　　　图1-25　计算机辅助设计2　　　　图1-26　计算机辅助设计3

11

2.3 专业理论

2.3.1 人机工程学基础知识

人体工程学（见图1-27，1-28）是餐饮空间的设计专业学习中非常重要的一门课程。尤其是室内餐饮空间设计，人在空间中活动，离不开基本尺度准则，我国的明式家具最能够呈现出人与家具之间的和谐之美。如果室内设计师缺乏必要的人体工程学知识，则很难设计出满足正常使用功能的空间。人体工程学通过静态尺寸和动态尺寸在餐饮空间设计中应用于环境、家具、通道、设备等多种情况。对尺度的敬畏感是每一位设计者必须拥有的专业素质。

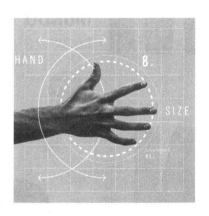

图1-27　人体工程学1　　　　　　　　　　图1-28　人体工程学2

2.3.2 材料与工艺基础知识

掌握设计中材料（见图1-29，1-30）的特性以及加工工艺方法，具有运用材料与工艺的原理去选择材料的能力，提高运用各种材料综合进行餐饮空间设计的能力，是学习餐饮空间设计的重要内容。

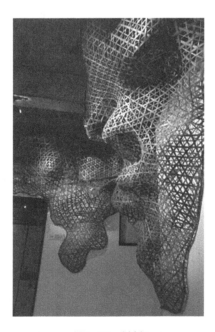

图1-29　材料1　　　　　　　　　　图1-30　材料2

2.3.3　空间与构建基础知识

　　空间与构建（见图1-31，1-32，1-33，1-34）的相互关系，构成了餐饮空间设计的环境基础，不同的餐饮空间设计带给人们的工作感受是截然不同的，学习建筑空间的相关知识，对餐饮空间的设计把握将会更加游刃有余，面对很多设计中的实际技术问题，就会得心应手。

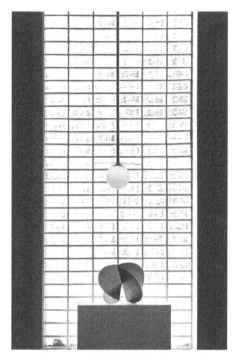

图1-31　空间与构建1

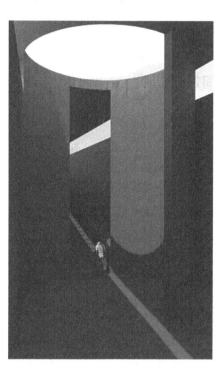

图1-32　空间与构建2

13

图1-33　空间与构建3

图1-34　空间与构建4

第二部分 设计概念与基本设计要素（8学时）

1. 餐饮空间设计概念

1.1 餐饮空间设计的概念

餐饮空间设计的概念不同于建筑设计和一般的公共空间设计，在餐饮空间中人们需要的不仅仅是美味的食品，更需要的是一种使人的身心彻底放松的气氛。餐饮空间是指食品生产经营行业通过即时加工制作、展示销售等手段，向消费者提供食品和服务的消费场所。

餐饮空间的设计强调的是一种文化，是一种人们在满足温饱之后的更高的精神追求。餐饮空间设计包括了空间的位置、店面外观及内部空间、色彩与照明、内部陈设及装饰布置，也包括了影响顾客用餐效果的整体环境和气氛。餐饮行业体现着各国乃至世界的餐饮文化，并且在席卷全球的都市化潮流中，表现出强劲的成长与盈利能力。为了适应这一发展趋势，除了进一步讲究食物本身的营养成分和味、形、色之外，更应该创造出符合人们的生活方式和饮食习惯的餐饮类建筑空间和相应的环境气氛。餐饮空间设计的目的就是将餐饮与文化结合起来，使之成为人们享受美食和放松身心的场所。

1.2 餐饮空间设计的基本原则

餐饮空间设计是指设计师对空间进行严密的计划、合理的安排，设计必须具有实用性。所划分的餐饮空间的形式、大小及空间之间如何组合，必须从实际出发。餐饮空间应该是多样空间形态组合，人们喜欢空间形态的多样组合，希望获得多彩的空间。在空间设计中应当为必要的工种留出特定的空间满足工作需要。因此，餐厅设计的第一步是设计和划分出多种形态的餐饮空间，并加以巧妙组合，使其大中有小，小中有大，层次丰富，互相交融，使人置身其中感到有趣和舒适。

空间设计的基本原则主要包括以下几方面：满足实用功能的需求；满足精神功能的要求；满足技术功能的要求；具有独特的个性；主题鲜明，突出特色；功能协调方便；空间尺度合理；创造良好的就餐氛围；注重家具的选择。

2. 餐饮空间分类

现实生活中由于人们对就餐内容、性质形式、规模类型等方面要求的不同，就出现了各个时期、各个地区的各式各样类别的空间，如传统风格的中式空间、时尚简约的新中式空间、西式空间、日式空间、韩式空间等。而随着人们生活水平的日益提高以及对于生活中饮食文化性、美食

14

多样化、情境体验感的消费诉求，消费者对餐饮环境的要求越来越高。为了满足人们多元化的餐饮需求，空间设计的风格也日趋研究消费者的精准定位、消费层次多元化细分而进行差别化、精致化设计。小到大排档、快餐店，大到综合性规模化饭店、集团化星级酒店，都越来越重视餐饮内部空间的环境设计，以此为消费者提供更为高品质化的用餐空间及优质的餐饮服务，来借以提高市场竞争力。目前社会上餐饮空间总体上可以分为以下几种空间形态。

2.1 多功能餐饮空间形态

多功能空间是指根据顾客的需求设置的多用途厅堂（见图2-1），可用于举行各种宴会、酒会、自助餐和其他会议、展览、文艺演出等活动，具有一厅多用、节约场地、扩大营业范围、增加收入的功能。

图2-1　多功能餐饮空间

2.2 宴会厅餐饮空间形态

宴会厅空间设计有其特殊性（见图2-2），主要用于各种宴会庆典和团体会议，设计比较着重布置和礼仪，体现高贵隆重的特色。餐饮空间设计对于宴会厅的布置一直追求极致。宴会厅一般使用长方形格局，宴会厅靠前设置固定或活动的主席台和相应的服务房间、休息室等。

图2-2 宴会厅餐饮空间

2.3 中式餐饮空间形态

中式空间是代表中式文化的空间（见图2-3），是以品尝中国菜肴，领略中华文化和民俗为目的，故在环境的整体风格上应追求中华文化的精髓。因此，中式空间的装饰风格、室内特色以及家具与餐具，灯饰与工艺品，甚至服务人员的服装等都应围绕文化与民俗展开设计创意与构思。中式空间的平面布局可以分为两种类型：以宫廷、皇家建筑空间为代表的对称式布局和以中国江南园林为代表的自由与规格相结合的布局。

图2-3 中式餐饮空间

2.4　西式餐饮空间形态

西式空间的准确称呼应为欧洲美食空间，或欧式空间（见图2-4）。西式空间是指提供西餐的空间，特点是主料突出、形色美观，采用长形桌台，餐具是刀叉。在西式空间用餐时注重讲究菜谱、音乐、气氛、会面、礼俗、食品这几个方面，其设计风格也与应西欧各国的民族习俗相一致，要充分尊重西方的饮食习惯和就餐环境需求。

图2-4　西式餐饮空间

2.5　风味餐饮空间形态

风味空间又称"特色空间"（见图2-5），是指具有鲜明主题，围绕一定时期、地域的人物、文化艺术、风土人情、宗教信仰、神话传说等设计菜单、服务方式和程序，营造就餐氛围，满足客人对餐饮的多元化需求，并力图在社会公众中树立独特形象的空间。根据向顾客提供服务方式的不同，可以将空间分为 餐桌服务式空间、自助服务式空间、柜台服务式空间及外送服务式空间。因此根据划分标准的不同，可以将空间分为：地方风味空间；民族风味空间；特色原料空间；家常风味空间。

图2-5　风味餐饮空间

17

2.6 饮品店餐饮空间形态

饮品店（见图2-6）包括咖啡吧、酒吧、冷饮店、茶楼等，设计时应兼顾饮品、用餐、休闲等多种功能。餐桌布置、室内设计及灯光配置，应与饮品店的具体功能相适应，注重空间使用的灵活性；功能复合化，业态多元化，空间特色化，其用餐区座席常采用卡座与包厢等形式，利用空间隔断及室内绿化形成不同的分区，以提供多元化的休闲饮品空间；营业时间一般较长，顾客饮食时间不固定；与其他餐饮建筑相比，饮品店通常餐桌密度较大，服务吧台比较注重饮品的陈列展示；一般布置有休闲及游戏设施、书报及网络服务设施、灯光控制、音乐及多媒体设备，部分主题型饮品店还有表演区、游艺区或其他主题展示区；饮品店用餐区的家具设施宜具有灵活性，通过家具的灵活组合，以适应功能的组织与转换。

图2-6 饮品店餐饮空间

2.7 食堂餐饮空间形态

食堂餐饮空间（见图2-7）用餐区域设计应开敞、通达，流线组织便捷、高效，便于阶段性密集人流的疏通；食堂用餐对象较为单一，人数基本固定，用餐时间比较集中，餐桌及座椅的数量和布置方式应综合考虑这些因素；学校食堂的寒假及暑假为用餐的淡季，用餐人数骤减，设计应注重空间的复合利用；应有充足的餐具存储、清洗、回收空间与设施；应采取多种措施减少建筑使用过程的运营成本。

图2-7　食堂餐饮空间

2.8　自助空间餐饮空间形态

自助空间（见图2-8）服务用餐区域宜采用开放或半开放式布局；根据用餐习惯设计清晰、简洁的取菜线路；菜品取餐区、用餐区域应有相对明显的区分和较强的标识性、空间独立性；取餐台设计应取用方便，其摆放方式利于菜品的展示，并充分考虑照明灯光效果，取餐区通道应较宽，便于来回取菜；为不同的自助用餐方式预留相应的空间与设施。自助空间类型主要包括全自助、半自助、即点即食自助三种类型。

19

图2-8　自助空间餐饮空间

2.9　快餐店餐饮空间形态

　　快餐店餐饮空间（见图2-9）应根据不同的快餐类别、经营方式、经营规模和标准，合理配置用餐区域的面积，确定不同的空间布置方式，采取不同的设计风格与装饰主题；用餐区域的设计应突出"快速便捷"这一主要特征，优化空间布置方式，提高整体使用效率；点餐区、收银区、取餐区应集中布置，常与用餐区设置在同一空间内；用餐区域空间布局应紧凑、灵活、视线开阔、通达；用餐区域顾客流线应简洁、清晰、便利；室内设计风格应简洁、明快、现代感强，注意装饰风格与快餐家具风格的协调性、整体性，通过灯光、色彩、材料、背景音乐的综合运用，创造不同的环境氛围；店内如无自用卫生间，应设洗手区。

图2-9　快餐店餐饮空间

3. 餐饮空间功能构成和设计标准

3.1 餐饮空间功能

餐饮空间是一个以餐饮消费功能为主的设计，在餐饮空间的功能进行布局之前，首先要明确其市场定位（了解品牌文化、菜品特色、形象定位、价格定位和服务定位等），熟悉项目周边环境（地区经济、文化环境、自然环境、竞争状况、地点特征等）找出差异化竞争的特色，并且需要对目标消费人群进行分析，了解餐饮品牌所针对的客户群的收入情况、生活方式、受教育程度、年龄、职业、消费心理等。

由于餐饮空间的功能具有较为复杂及多样性的特征，所以在进行功能布局时需要考虑到餐饮空间的规模形式来进行设计规划。一般情况下可以通过就餐人数进行分类（见表2-1），也可以根据餐饮空间规模分为100平方米以内的小型餐饮空间、100～500平方米的中型餐饮空间、500平方米以上的大型餐饮空间，可以采用气泡分析图的方式（见图2-10）。往往从大空间入手，根据空间的使用功能可以分为四个部分：餐饮空间的用餐功能空间、餐饮空间的公共活动空间、餐饮空间的制作功能空间、餐饮空间的配套功能空间。

表2-1 根据就餐人数进行分类

消费诉求	生活饮食	恋爱约会	活动小聚	商务宴请	小型会议	中型宴会	大型宴会
人群	1～3人	2人	2～6人	2～10人	4～20人	30～50人	50人以上

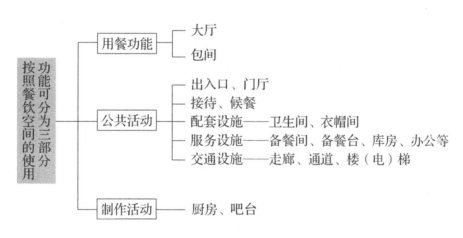

图2-10 气泡分析图

3.1.1 餐饮用餐功能空间

餐饮消费的主体空间就是用餐功能空间，主要由就餐区的散座区、卡座区、餐饮包厢及备餐区等组成。就餐区座位数及包厢数的比例配置，需要根据不同类型餐饮空间的整体面积及品牌定位来进行合理布局。就餐区是餐饮空间最重要的内部空间，顾客在此空间停留的时间最久，也是商家资金投入、服务管理最集中的地方，因此，就餐区也是餐饮空间设计的核心要素。

就餐区面积与空间等级和座位数有直接关系，通常就餐区的规模以面积和用餐座位数为设计主标，餐饮空间等级越高，用餐部分面积指标越大，反之越小。就餐区的面积指标一般以每个座

位1.85平方米为座位基数标准计算，其中中低档空间约为每个座位1.5平方米为基数标准计算，高档空间每个座位约2.0平方米为基数标准计算，乘以应服务人数即得出就餐区的总面积。一般情况下，用餐部分与辅助部分空间的面积比例为1：1（见表2-2）。

表2-2　用餐部分与辅助部分空间的面积比例

空间等级	高档空间	中档空间	中低档空间
m²/座位	2.0 m²/座位	1.8 m²/座位	1.5 m²/座位
用餐面积	就餐区面积指标×服务人数		

（1）餐饮散座区设计

散座，是指布置在就餐区中，用以满足大量零散客人就餐需要的座位，有时也称之为零点空间（见图2-11，2-12）。就餐单元之间的容量、尺度设置应考虑顾客就餐时的活动范围，以达到就餐时互不干扰的目的，毗邻主要服务通道间的就餐单元，其布置形式需结合服务人员的上菜线路、服务方式等因素。另外，在不同类型的餐饮空间中，散座区的布置有其不同的功能要求，在休闲类餐饮空间中，如茶室、咖啡厅等，一般均设有表演舞台，散座区应分布在其四周，以满足客人的观演需求；在以正餐为主的中式餐饮空间中，散座区每20～30个餐位需设置一个备餐柜，用于临时放菜、放酒水、换桌布，放置从餐桌上撤换的餐具等，其目的是提高服务效率及加快用餐高峰期间餐桌的重新布置；而在西式餐饮空间中，常将散座区布置在冷餐台四周，以便于各个餐位取食方便，这是由于西餐是以冷餐为主，散座区的布置需结合冷餐台布局进行考虑。此外，西餐在就餐时特别强调私密性，散座区应设计为一个个独立而又有相互联系的就餐单元，营造私密的空间。同时，对于设有开放式厨房的西式空间，可设置部分散座于厨房工作台四周，使得顾客可以一边用餐，一边观赏厨师的厨艺，提高用餐乐趣。

餐饮空间的散座形式主要有吧台、2人台、4人台、6人台、8人台。散座区布局要遵循几个规律。

①秩序感。秩序感的设计，可以使平面布局既有整体感，又有趣味和变化。
②依托感。根据人的"边界效应"行为方式的设计，布局时要尽可能创造有所依托的座位。
③灵活感。座位形式要灵活多样，以满足不同顾客群体的需求。

不同的空间组合方式会形成不同的空间效果，散座区常用的组合方式有中心式组合、组团式组合和线性组合三种形式（见图2-13）。

图2-11　餐饮散座区1　　　　　　　　　　　　图2-12　餐饮散座区2

图2-13　餐饮散座区示意图

（2）餐饮包厢设计

对于需要私密性用餐空间的顾客来说，包厢绝对是最佳选择见图（2-14，2-15），因此，大多数空间都会设有包厢以此来满足顾客需求。餐饮包厢设计主要体现在以下几个方面。

色调。空间装修中，包厢的色调与大厅的色调应该有所区别，一般以温馨、柔和为主。包厢的客人就餐时间一般较长，采用淡淡的橙色会收到比较好的效果。切忌在包厢使用暖昧的色调，也不要使用过分沉闷的色调。

图2-14　餐饮包厢1

风格。包厢空间风格对顾客就餐情绪有一定影响，一般情况下，包厢风格和大厅风格既要统一又要有差异，统一是要保持整体空间装修风格的一致性；差异是要使进入包厢的客人产生独特的感受，使他们体会到包厢的优越性和就餐时的舒适度，还有和大厅不一样的服务。同一家空间的包厢相互之间也要有差异（如名称、内装修、艺术品的布置等），这样可以使客人没有单调感，并可加深客人对空间的印象。

24

图2-15　餐饮包厢2

每个包厢应根据空间的特色，如地域、主题、菜色、情趣等，结合包厢自身的风格命名，名称要贴切、优雅、温馨、大方，发音响亮，令人遐想、回味，如喜相逢，蓬莱阁等，包厢名切记太俗或含有某种不健康的因素，同时尽量不用序号。如1、2、3等，因为它会破坏情调，同时还会使人感到拘束。包厢的装饰物品以字画、盆景、小型盆花为主，实用物品要选用小巧的。包厢名称可制作铜字、铜牌，镶嵌在门楣上方，既美观又便于顾客寻找。

布局。一般情况下，空间设计中，包厢大多是根据空间建筑结构而自然形成的隔间设置，其面积也是预先固定的。包厢布局设计比大厅简单，没有太复杂的结构。首先要根据面积确定餐台形式、尺寸和座位数量，以宽敞、舒适为原则，包厢内陈设的家具也较简单，有的除了用餐桌椅外，只有一个挂衣服的衣架，有的还有电视、沙发等。如果是需增加音响设施的包厢，若原建筑结构没有隔间，经营者就需自己通过装修隔出包厢。在隔包厢时必须慎重，不能为了扩大经营面积而拆掉承重墙。在隔包厢时还要正确设计包厢的位置和面积，以满足经营目标的需要。另外，隔间墙壁一定要隔音。如果隔音效果不好，就会影响客人的情绪，使空间餐饮空间的美誉度大打折扣。

光线。可采用可调强度的白炽光，既可使室内光线柔和，又可通过调节光线强度产生不同的视觉效果，以适应不同顾客的需要。

因为顾客选择包厢，主要是看中空间包厢内部相对安静且私密的用餐环境，所以包厢设计与整体空间设计相比，要更高雅、安静。餐饮空间中的包厢空间具有较强的私密性，若空间面积允许，可设置独立的传菜间、卫生间、衣帽间以及会客区和休闲区。包厢规格通常为4~6人的小型包厢、8~10人的中型包厢、12~14人的大型包厢及16人以上的超大型包厢。

（3）餐饮卡座区设计

卡座，亦称雅座、情侣座、车厢座等（见图2-16，2-17，2-18），用于满足情侣客人和部分散客就餐时"尽端趋向"的心理需求。卡座的表现形式有很多种，如具有弹性空间的卡座和沙发座等；使用高靠背的弧形、U形沙发，利用地台、隔断、软装饰等，形成半包围结构的就餐单元，从而营造出一种私密、幽雅的氛围。从平面布局上来看，卡座常分布于餐饮区的边角部位，一般布置在窗边，除具有私密性的特点外还兼具观景的作用。因此，卡座往往成为餐饮区中顾客较为青睐的用餐场所。针对卡座的这一特点，在西式与休闲类这一私密、幽雅的餐饮空间中，卡座的布置数量可根据顾客的需求适当增多，以迎合顾客的消费心理需求。而在中式餐饮空间中，由于中餐采用聚食制，就餐的顾客多为群体，为突出喜庆、热闹的氛围，满足散客需求的卡座数量可适当减少，以提高餐饮区的盈利率。

图2-16　餐饮卡座1

图2-17　餐饮卡座2

图2-18　餐饮卡座3

3.1.2 餐饮公共功能空间

公共区域是指餐饮建筑内除用餐区域以外，顾客可以到达的区域。公共区域分为入口区、大堂休息区、景观表演区、点菜区、公共卫生间等部分。

入口区域包括门厅（见图2-19）、休息区、寄存等空间。入口区域不需很大，但应有效布置和划分各种功能，可分为有大堂与无大堂两种。入口区域是独立于餐饮空间的交通枢纽，是顾客从室外进入餐饮室内的一个过渡性流动通行空间，也是留给顾客第一印象的重要场所，是餐饮空间设计中重要的一个组成部分。入口区域具有引导、组织人流作用，应具有导向性，将顾客导向就餐区（空间、包厢）、休息等候区、服务台、交通以及卫生间等区域。休息区应配有座椅、书报架等设施。寄存间宜为封闭空间，内配有储物柜、衣柜等设施。北方寒冷地区及大风地区入口处须设置门斗或旋转门与平开门结合设置，以利防风和防寒。

图2-19 入口门厅

因此，一般入口区域都会在设计上较为时尚、华丽以及突出主题的文化性，其中包括视觉主立面设计店名和店标，在实际使用功能上还会考虑到根据入口区域的大小设置迎宾台并有专人负责礼仪接待工作，同时，还会设置顾客休息等候区以及空间特色文化的品宣区等。

空间的公共区域往往会在内部设置景观设施。景观一般包括绿植、雕塑、水景、景观墙、钢琴演奏台及阶梯台地等内容。景观元素可在空间内与就餐座椅、隔断结合布置，也可于一个较为中心的位置集中设置。

图2-20 公共设施

公共区域（见图2-20）设置专门的点菜区，能给顾客以直观的感受，并能展示餐饮建筑经营的特色.区内有菜品展示台、生鲜池等。并常常与冷餐制作等无油烟和明火的明档厨房结合设置。点菜区一般位于空间与厨房之间的位置，其交通一般以环路设计为宜，避免人流反复、交叉。通道宽度根据所服务人数设计，并且一般不小于1.8米。

3.1.3 餐饮制作功能空间

制作功能区的主要设备有消毒柜、菜板台、冰柜、点心机、抽油烟机、库房货架、开水器、炉具、餐车、餐具等。厨房的面积与营业面积比为3：7左右为最佳。一般的制作流程为：采购进货—仓库储存—初加工—精加工—烹煮加工—明档加工—上盘包装—备餐间—用餐桌面。厨房的各加工间应有较好的通风和排烟设备。若为单层，可采用气窗式自然排风；若厨房位于多层或高层建筑内部，应尽可能地采用机械排风。厨房各加工间的地坪均采用耐磨、不渗水、耐腐蚀、防滑和易于清洁的材料，并要处理好地坪排水问题，同时，墙面、工作台、水池等设施的表面均采用无毒、光滑和易于清洁的材料。

厨房加工间到空间的距离以临近为设计原则，一般以备餐间作为厨房和空间之间的缓冲空间，备餐间到餐桌的距离不应大于40米。厨房的面积设定与空间规模、菜品类型等因素相关，通常依照餐位数来计算预留厨房面积，也可以按照空间面积来计算厨房所用的面积，通常是就餐区面积的40%～50%左右，不同餐厅类型预留厨房面积如表2-3所示。

表2-3 预留厨房面积

餐厅类型	厨房面积/平方米
正餐餐厅	0.5~0.8×餐位数
咖啡厅	0.4~0.6×餐位数
自助餐厅	0.5~0.7×餐位数
快餐厅	0.3~0.4×餐位数

3.1.4 餐饮配套功能空间

卫生间（见图2-11）是餐饮空间中最重要的辅助空间，对空间的整体形象塑造起到至关重要的作用。设计时应尽量满足以下几点要求。

①顾客与员工卫生间要分开。

②入口要尽量隐蔽，但要有明确的导视系统。

③卫生间与餐饮空间的整体风格保持一致。

④男女卫生间的面积比例约2：3。

⑤根据空间等级配备育婴间、无障碍设施，充分体现品牌的人性化服务。

图2-21 卫生间

寄存间在餐饮空间同样需要重视的辅助空间，对空间的整体形象塑造也起到至关重要的作用。设计时应尽量满足以下几点要求。

①寄存间多紧邻服务台布置，方便顾客与服务人员取送物品。寄存间的门不宜开向其他空

间，以保证物品的安全性。

②寄存间在满足使用前提下，布置应紧凑。步入式寄存间宜设置物品寄存和衣帽寄存等功能。

3.1.5 餐饮空间交通功能

餐饮空间中主要包含了三大动线系统：人流动线系统、物流动线系统和信息流动系统（见图2-22）。人流动线系统指顾客流线和服务流线。物流动线系统指菜品流线（从外部空间进入厨房的流线、从厨房到备餐间的流线、从备餐间到餐桌的流线）和垃圾流线（餐桌残羹回洗涤间的流线、垃圾废料清出的流线）。信息流动系统指顾客点单与服务员接单之间的信息流动系统以及服务员下单与后厨之间的信息流动系统，信息流系统反映了空间整体的工作和服务质量和效率，目前很多餐饮企业都使用电脑和智能设备进行信息流的管理传送，这样既节约了服务员的人力，又提高了服务效率。大型餐饮空间中除了水平方向的动线设计外还涉及垂直方向的动线设计，同样包括人员流线和物品流线的设计。

餐饮空间动线设计的基本原则如下。

①顾客流线应直接明了，不令人迷惑。

②散座区和包厢区流线应相互分离，以免拥堵和干扰。

③服务流线应高效快捷，同一方向服务流线要避免过于集中。

④送餐线路与收拾残羹线路宜分开，并注意隐蔽性。

⑤包厢须设专用服务通道，与顾客通道相分离。

⑥顾客流线与服务流线避免交叉。

⑦物品流线避免与顾客、服务流线交叉。

⑧垃圾清运线路要设置专用出入口。

⑨信息流线应快速准确，设备布置科学合理，保证使用维修的便利性。

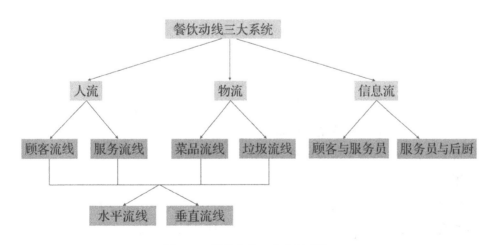

图2-22　餐饮空间三大动线系统

餐饮空间动线设计（见图2-23）常用尺度一般以人流股数进行计算，每股人流以60厘米宽度计算，主通道2~4股，次通道1~2股，走道最小宽度不应小于90厘米，通道最小宽度不应小于25厘米。

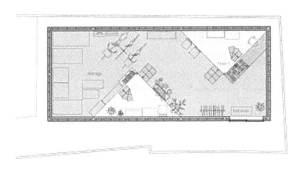

图2-23　餐饮空间动线设计

3.2　餐饮空间设计标准

餐饮服务场所设计应符合2020年6月发布的《餐饮空间尺寸标准化》HJSJ—2020规范。

①《建筑内部装修设计防火规范》GB50222—2017

②《建筑装饰装修工程质量验收规范》GB50210—2001

③《民用建筑电气设计规范》JGJ16—2008

④《民用建筑工程室内环境污染控制规范》GB50325—2010（2013年版）

⑤《餐饮服务食品操作规范》（国家市场监督管理总局公告2018年第12号）

⑥《饮食建筑设计标准》JGJ64-2017

餐饮服务场所设计除应符合本标准规定外，尚应符合国家现有相关标准的规定。

4. 餐饮空间设计要素

餐饮空间在设计和使用功能上都是企业形象的重要体现之一，不同的企业类型和企业文化就会有不同风格的餐饮空间环境特质，设计出符合该企业专属的企业文化性格特征的现代餐饮空间，是具有个性以及生命力的表现。餐饮、服务以及附属空间设施等各类用房之间的面积分配比例，房间的大小及数量等，应该根据餐饮空间的使用性质及建设规模来进行科学规划。要充分了解企业各个部门的设置及两者之间的相互联系，这对于餐饮空间的平面功能布置及区域划分有着重要的作用。现代餐饮空间环境，尤其是新时代下的人与人、人与产品、人与环境这三组关系是现代餐饮空间设计的核心要素。

4.1 舒适度的感知

餐饮空间舒适度感知的研究是评判设计水平的重要标准。餐饮空间舒适度影响因素和设计方法是餐饮空间设计的重要组成部分。依据人—机—环境系统工程理论和舒适度概念，对顾客、座椅和环境以及灯光、排风、排烟等新风系统等要素，进行舒适度设计分析，明确了设计要点。最后运用人机工程理论、人体测量学功能尺寸、顾客体验理论、舒适度设计原则，餐饮空间整体进行布局重要尺寸确定，进行舒适度分析，最终得到满足顾客舒适度需求和消费的空间设计方案。整个设计流程将顾客需求、功能改进与舒适度设计系统地结合起来，对餐饮空间设计及舒适度研究有指导意义。

4.2 设计功能的相互联系

4.2.1 心理需求

人的心理活动是复杂而多变的，却有一定的规律可循。餐饮空间心理环境的构成可以借鉴美国心理学家、行为学家亚伯拉罕·马斯洛（Abraham H. Maslow）在《动机与个性》一书中提出的"需要层次论"。需要层次论包括：①生理需要（对食物、水分、空 等的需要）；② 安全需要（对稳定、安全、免于恐惧等的需要）；③社会需要（对与他人建立感情联系的需要）；④尊重需要（对希望受到别人尊重的需要）；⑤自我超越（充分体现出自我潜力，满足自我实现的需要）。这些是随着需求的满足而进入到更高一级的需求，是逐渐上升的，与总体环境相互作用。因此，餐饮空间在设计时在满足实用功能外，更加要考虑高级的精神文化因素。

（1）领域感

心理学家欧文·阿特曼（Irvin Altman）提出：领域是个人或群体为满足某种需要，拥有或占有一个场所或一个区域，并对其加以人格化和防卫的行为模式。克里斯蒂安·诺伯格·舒尔兹（Christian Norbery-Schulz）在《存在·空间·建筑》中称领域是具有类同性及闭合性的场所。从心理学上讲，人的领域行为有安全、相互刺激、自我认同和管辖范围四方面作用（见图2-24，2-25）。

图2-24 领域感1

图2-25 领域感2

人们的领域行为是指微观环境，又称个人空间，是个人围绕自己身体周围占有的一个无形空间。在这一空间中，个人一旦受到别人干扰，就会立即产生下意识的积极防范；中观环境，是指比个人空间范围更大的空间，属于半永久性空间，由占有者防卫，可能是个人的、群组的或小集体的；宏观环境，是指个人离家外出活动的最大范围，属于公共空间，交通越方便，范围越大。

随着社会的发展和个人对于空间环境需要层次的认知不同，空间领域的特征和范围也发生了很大的改变。不同的文化背景下的人们，在公共环境中如何明确个人的环境范围及行为方式、满足自己控制或占有的范围就显得格外重要，因此，如何科学地把握好餐饮空间中各个空间领域的范围尺度成为餐饮空间设计的关键。

（2）私密性与公共性

私密性（见图2-26）指个体有选择地控制他人或群体接近自己，可概括为退缩和信息控制两个方面。退缩包括个人独处、与他人亲密相处，或隔绝来自环境的视觉和听觉干扰。信息控制是指对生活方式和交往方式的选择与控制。满足私密性的需求不仅是提供一个相对的封闭空间，还表现在与人交往中有选择独处或共处的自由。

作为人的一项社会性需求，公共性（见图2-27）则满足了人们渴望通过交往获得周围社会环境的信息的需求。作为社会中的一员，个体的心理活动与人际交往紧密相连，需要与别人共同使用空间并参与公共活动。

图2-26　私密性　　　　　　　　图2-27　公共性

　　私密性与公共性是相互依存、相互作用、相互影响的。人们既需要不受干扰的私密餐饮空间，也需要进入到开放式的公共空间进行交流和分享。如何平衡两者的基点、如何规划对空间封闭与开放的处理并涉及以创造多功能的、可供选择的交往空间，协调私密空间与公共空间之间的有效过渡或柔性接触是设计中的重要作用之一。

　　（3）自然的空间舒适感及依靠性

　　人类需要接近自然（见图2-28，2-29）。无论是从生理上还是在精神生活方面，都依靠自然来进行主动和被动的调节作用。将自然生态环境中空气、阳光、水、绿色植物等自然元素设计到餐饮空间中，提高绿色在人的视野中的比例，当达到25%时，人们的生理和心理上就会感到舒适。设计开发餐饮空间自然环境、利用自然元素并且渗入室内、融入室内同样是餐饮空间设计的重要手段。

　　人们在空间的舒适感与其在空间中的位置有关。研究表明，人们一般喜欢停靠在树木、柱子、旗杆、墙壁、门廊等附近，在这样的空间环境中，人们舒适感会得到提升。从一个小空间去观察更大的空间是人们所喜欢和习惯的环境行为，也就是环境依靠性，环境的依靠性对营造空间的舒适感有着重要的意义。让人感到舒适的空间基本上都具有两个特点，首先是较小或者部分封闭的空间可以作为人们的依靠；其次是人们可以通过开放的部分看到另一个较大的空间。环境的依靠性既能满足人们对空间私密性的要求，又可以观察到外部公共空间更多元化活动的信息，从而令人产生安全和舒适感。

　　科学处理环境的开放程度与封闭程度的关系是保证环境舒适性的重要条件之一。为了适应人们的空间环境行为，在小空间的处理上最好一部分空间敞开，便与更大的空间建立交流和沟通联系。

图2-28 自然的空间1　　　　　　　　　　图2-29 自然的空间2

（4）满足感

在工作环境中获得某种程度的满足感，在现代餐饮空间中显得尤为重要（见图2-30）。社会调查研究发现，影响工作满意度及成就感的因素包括工作的薪资、工作的挑战性程度、工作环境、合作伙伴等。在餐饮空间中营造融洽、平等的文化环境氛围，提供更多的交流、互动的机会，将会极大地增加员工的满足感。

图2-30 满足感

（5）社会性及文化性

社会环境本就包含着人们的思想、情绪、情感、文化属性等。餐饮空间同样具有文化性、地域性、民族性和时代性特征，因此，人们的空间环境行为存在着来自不同属性的差异。由于工作种类、工作内容、工作方式、企业文化等差异性，同时，人们的文化传统意识、审美意识、怀旧意识、创造意识及潜意识的多样性，都影响着餐饮空间形式的选择，造就了千差万别的餐饮空间。随着未来社会多元化发展，主体个体和客观群体特征也随之变得更加复杂化、个性化，不同的要素都对于餐饮空间有着不同的影响。

4.2.2 生理需求

健康与舒适的工作环境是现代餐饮空间区别于传统餐饮空间的主要因素，餐饮空间在满足人的心理需要的同时，也要创造健康、安全、舒适的工作环境，体现在餐饮空间内部的采光照明、自然通风、温度、湿度、空气清新度、降噪吸音等方面设计。

（1）新风系统

很多餐饮室被设计成封闭式空间，主要是为了减少开窗对能量的损耗，以期达到夏季制冷与冬季保暖的效果，但会导致写字楼的餐饮室窗户失去了开窗通风透气的功能，室内空气流通差，餐饮空间处于缺氧状态。长期处于空气不流通的室内，缺氧的环境会对人体产生许多危害，导致头晕头痛、四肢乏力、影响工作效率。而在餐饮空间通风条件良好，室内空气污染和二氧化碳水平均低于平均值的地方，人们能表现出更强的思考、理解、记忆和学习能力。

为此，很多餐饮空间设计选择安装餐饮室新风系统。新风系统可以在不开窗的情况下，通过滤网直接过滤掉空气中的PM2.5，自动更换室内外的空气，把室内污浊的空气排出室外的同时将室外的新鲜空气吹入室内，让室内一直保持空气清新。属于开放式的循环系统，每天24小时为室内提供新鲜的经过过滤的室外空气，让人们在室内也可以呼吸到新鲜、干净、高品质的空气。

（2）光环境

充足的光线是正常餐饮的重要保障（见图2-31），所以餐饮室的光线应充足，局部照明要达到基本要求。可采取人工光或人工光与自然光结合等方式来满足光源要求，但是要注意灯光不要闪烁，灯光直射的窗户应安装挡板或窗帘。餐饮空间的光源设计可以通过充分利用自然光线，同时设计增添适宜的人工照明来满足室内照明要求。餐饮空间光环境的质量与光线的投射形式、光的照度及灯具的配置有直接关系。调查研究显示，75%的人们喜欢在有间接照明的餐饮空间里工作，这样的照明方式不仅可以减少眩光，增添泛光照明和局部照明，能够产生令人愉快的、高品质的餐饮空间环境采光照明。在开放式餐饮空间的照明设计中，理想的光环境除了满足餐饮要求的照度外，还要根据人的生理、心理需要做到自然光与人工光相结合、冷光源与暖光源相结合、高照度与低照度相结合，从而提供令人舒适的视觉环境（见图2-32）。

图2-31　光环境1　　　　　　　图2-32　光环境2

自然光照明相对于人工光照明对人们的视觉会更好，在满足多种光照设计采光要求的同时，人们更喜欢有窗户的餐饮空间，窗外的自然光与景色能够使人产生愉悦的感受，从而提高工作效率。对于条件不能满足自然采光的暗空间，则利用自然光的反射和折射原理，也可以满足对自然光的需求。

（3）声环境

安静、平和的声音环境是正常工作的基本条件之一。餐饮空间要保持肃静、安宁的气氛，地坪、墙面、天花板应该安装一定的吸音、静音装置。良好的餐饮声环境不仅有利于员工安心、高效地工作。"餐饮楼综合征"的出现，都与餐饮空间中长期的噪声污染有关。控制噪声是有一定范围要求的，声音音量过高或过低都使人不舒服。所以，虽然餐饮空间声环境的主要问题是控制噪声，但若太过安静也会伤害人的神经系统。人机工程学认为，人的生活、工作、学习需要一定量的轻微噪声，声音对人而言是一种自然的刺激反应。通常环境的声响应15-80dB间，以35dB-50dB为宜。

4.3　人与产品的相互联系

餐饮空间中家具和陈设设计也是重要的一个组成部分。家具及陈设产品属于"物"，其设计及选用不仅仅看其品牌、质量等，更重要的是所设计的家具和陈设是否适合餐饮空间的使用者。除了考虑人们的物理尺寸，还要考虑不同的使用者由于在年龄、文化、生活背景等方面存在的较大的差异性。因此，为不同人群设计的餐饮空间风格也会因人及餐饮环境文化背景各有特色。

从个体差异来说，人与产品的关系更为微妙，每个人的性格、生活习惯、宗教信仰等都是不同的，那么每个人在餐饮空间设计中与产品的关系也是不一样的，这也是决定餐饮空间设计中人与产品的重要因素，应该根据使用者的需求去设计，所以说，室内设计中人对产品的影响是很大的。

同样，餐饮空间中的产品对活动在该空间中的人们也会产生影响，中国成语"耳濡目染"诠释了周边环境对人产生着重要的影响。绿植与人的相互关系是较明显的例子，是餐饮空间赋予了该植物一定的喻义，这主要是精神层面的影响，当然还包括物理层面的影响。在特定的空间选择正确的植物，能改善室内空间环境质量，使人得到一个更优的活动空间。大部分的植物都能吸收空气中的有害气体，释放出氧气，有些花草类植物能散发出淡淡的幽香，但是不同功能空间的植物陈设要注意合理选择，因此，合理地选择室内空间的植物，不仅能完善室内空间的设计需要，还能对人产生较大促进作用，反之，会对人产生不好的影响。

餐饮空间内的关键就是人与产品的关系问题，主要指餐饮设备、餐饮家具、信息管理系统等与人的关系。其中，餐饮家具是餐饮空间中最重要的设施之一。根据人机工程学相关原理，要合理安排座椅并使之能自如调节，以满足不同身高工作人员的需要。在座椅设计上要采用弧形转角；表面材质采用接近自然质感的材料；为符合人体的动态需求要选用灵活、可移动的座椅。

餐饮空间中的餐饮家具布置方式对人的交往有着深刻的影响。罗伯特·萨默（Robert Summer）的研究发现，人们在接触时一般采用以下几种方式：和朋友亲密交谈时喜欢角对角就座，合作者更多地选择肩并肩就座，竞争者则常选择面对面就座。餐饮桌椅可以布置成"一"字形、"L"字形、对称型"U"字形等，合理规划出行动空间与静态空间，以给人不同的心理感受。

4.4 文化的沉淀及运用的相互联系

任何餐饮企业的发展都离不开背后折射着企业的文化构建背景，应该说餐饮文化构成了企业各种经营思考、运作、贯彻、实施的前提。餐饮文化因企业的性质、行业、类别、规模、发展、环境、团队与目标不同，而形成鲜明的文化特色。目标客户对提供的各种服务与产品所表现出来的认知程度当然也会有所不同。

餐饮文化的构建绝非是简单引进西方或者时尚文化思想和方法就可以一蹴而就的，餐饮文化的建构需要用深邃眼光深入地把握餐饮文化精髓，体味餐饮民族文化神韵，将现代餐饮企业经营管理之道与文化特色融为一体，才能创出具有特质的餐饮文化建构模式，也才能具有其独特的格调和隽永的魅力，从而真正发挥文化在现代餐饮商业社会的不可替代作用。

餐饮的空间不仅是美食的空间，也是文化的空间、价值的空间、财富的空间、信息与友谊的空间。研究餐饮文化现象，并对实现这一观点进行详解，整合餐饮空间文化属性，是餐饮企业最直接与最核心的文化战略与商业模式的推进。文化战略是餐饮企业进行市场营销、客户识别、品牌建设的关键。而精准的市场文化定位，其本身就是餐饮企业发展的竞争性文化营销战略。

4.5 人与环境的相互联系

人们的行为和空间环境有着密切的关系，被称为环境行为。人与环境的交互关系表现在人对环境的感知和人对环境的需求两个方面。人对环境的感知，即人对环境的感受，这种感受是多样性的，特别是环境的空间尺度。人是餐饮空间环境的主体和服务对象，因此，餐饮空间设计以人

37

对环境的需求为设计目标，以满足人的生理、心理需求及对自然环境的需求。

人们在餐饮空间中通过的形式取决于餐饮空间中的行为模式和规模及性质，人们与餐饮空间的关系是工作、交谈、休息等行为，实现这些行为就需要有不同的空间。针对人们的行为进行相关的餐饮空间设计。环境行为（见图2-33，2-34，2-35）与餐饮空间的对应关系还包括餐饮空间的秩序、餐饮空间的流动、餐饮空间的分布和餐饮空间的对应状态在组织设计过程中的开张闭合、纵横延伸、高低围合、层次穿插等，都与人流的大小、停留的时长、功能的性质、环境的意境息息相关。人流的交叉点，如人流转折、扩大、迂回、升降都要进行特别的处理。因此在楼梯口、走廊转角、门厅等处的设计要考虑人流的情况。

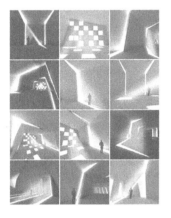  

图2-33　环境行为1　　　图2-34　环境行为2　　　图2-35　环境行为3

5. 餐饮空间系统设计

5.1　餐饮空间平面布局

餐饮空间是消费空间也是工作空间，同时存在静态空间及动态空间两种不同的空间形式，并且在实际运用中随着功能的需求会发生转换。针对使用功能对餐饮空间设计布局（见图2-36）进行组合与优化，对餐饮空间的有效利用及整体环境塑造有着极为重要的作用。在设计餐饮空间时，首先要对餐饮空间进行合理划分，即对餐饮空间进行功能分区与布局。

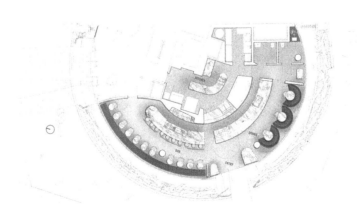

图2-36　餐饮空间平面布局

无论什么类型、什么档次的餐饮空间都需要进行空间规划与布局。餐饮空间都是由多个功能分区组成的，按照使用功能可分为整体就餐空间、开放就餐空间、独立就餐空间、密闭就餐空间、接待引导服务空间、横向或者垂直交通空间、卫生间、厨房工作空间及辅助空间等。由于功能的不同，其在不同的餐饮空间中所占的比重也不同，所以划分的合理、安全、有效成为餐饮空间设计中需要注意的主要内容。

餐饮空间设计中相对的动态的活动空间与静态的辅助空间之间存在众多不定因素，餐饮空间设计一方面要满足客人用餐、等候、交流等需求，另一方面又必须实现空间员工的服务功能。因此，餐饮空间平面布局设计及桌椅家具的设计布局尤为重要，一方面从视觉上而言，要跟整体风格一致。另一方面要思考布局的协调性、经济性和科学性。客座数量往往直接影响到餐饮企业的经营成本和经济效率，在单位面积内追求最大的客座数量是餐饮类空间设计的基本原则，但必须有度，要考虑顾客的舒适度，以及工作人员的可操作性。

5.1.1　平面形式的建构

餐饮空间设计是一个从平面转向空间的思考过程，平面形式的确立是整体空间塑造的基础。平面布局需要遵循一定的规律，其中"秩序"就是餐饮空间平面设计的一个重要元素，设计时需要考虑适度的规律，把握"秩序"，这样才能获得完整而又灵活的平面效果，布局的实用性是必须充分考虑的。在平面形式的组织过程中，必须考虑空间的大小、空间的布置以及通道宽窄的合理性，而不应该过分追求餐桌数量的最大化。入口区的设计需要注意空间的对景视线关系。主体形象展示界面既可以单独设置，也可以结合接待台实现一体化设计。主体餐饮空间应放置在空间相对宽敞的中心区域，而单体餐饮空间则需要布局在靠窗或靠墙的区域。一般客席的配置方法是把客席配置在窗前或窗边，客席的构成要根据来客情况确定，一般的客席配置形态有竖型、横型、横竖组合型、点型，还有其他类型，这些要以店铺规模和气氛为前提。卫生间的设计既要考虑立面的隐蔽性，又要考虑顾客使用的方便性，不能远离就餐区，这样会拉长顾客的动线距离。通道的设计也是平面布局中的一个重点内容，它是各个功能区域的连接纽带，主通道宽度是1.2～1.5米，副通道宽度是0.6～0.9米。设计时还需注意顾客通道和员工通道不能有过多的交集，应设置员工专用的上菜通道。

5.1.2　餐饮空间中包厢的平面布局

包厢布局需要注意集中性，通常将它们与散座区分隔而置，保证一定的私密性。包厢的类型根据空间的具体情况而定，有条件设置大包厢或豪华包厢的空间，应利用好空间的优势区域，营造良好的就餐氛围。大包厢内可设置备餐间，注意备餐间入口要与包厢主入口分隔开，备餐间出口不要和餐桌形成对望关系。在交通组织上，服务通道与客人通道需要分别设置，不应有交集。中型包厢和小型包厢由于空间限制，设置相应的备餐台就可以了，满足必要的使用需求即可。

在包厢的平面布局设计中应注意尽可能使包厢的大小多样化。包厢区域的服务通道与客人通道的分开十分重要，过多的交叉会降低服务的品质，好的设计会将两通道明显地区分开。

5.1.3　餐饮空间中桌椅的布局

桌椅的布局需要注意就餐用户的体验功能和环境的舒适度。一个人用餐所需的空间大小，大约是宽度0.6米、深度0.8米。就像餐桌的大小各异，餐桌的高度也是五花八门的。但是无论餐

39

桌的高度如何，餐桌与椅子的相对高度是保持不变的。用餐区两椅子之间的过道宽度至少要0.46米。每个餐桌旁边应留1.2米净宽的通道以便收餐，餐车通过的过道宽度至少需要1.5米，成人就餐所需的基本面积为1.1平方米等。

在高档的就餐大厅设计中，最好不要设计排桌式的布局，否则一眼就可以将整个空间一览无余，从而使得餐饮空间枯燥乏味。应使用各种形式的隔断将空间重新进行组合，这样不仅可以增加装饰面，而且能很好地划分区域，给顾客留有相对私密的空间。从消费心理学的角度来说，一般顾客进入空间都会选择有隔断的边角或窗边的座位。

餐饮空间中隔断式桌椅布局可以很好地满足顾客私密心理的需求。一方面在就餐过程中顾客拥有一个私密的就餐区域，隔断式桌椅布局保证了就餐过程中视线、声音等各种维度的私密性以及安全性；另一方面，隔断式桌椅布局也给顾客留有一个流动开口，为出入以及上菜提供了必要的空间。

排桌式桌椅布局则使得整个空间为一个整体。对顾客而言，就餐过程中缺乏私密性以及安全感，无论是视觉还是听觉都受到一定程度的打扰。

5.1.4 餐饮空间动线设计及功能区调整

设计师根据功能空间的位置进行连接设计，即功能动线设计。功能动线设计要尽可能地将服务人员与顾客进行分流，同时在功能空间的转换处要处理好动线转化的衔接点，并尽可能地将服务路径控制在最短，在保证所有功能连接顺畅的同时提升服务效率。动线设计初步完成后，在不打乱整个空间格局与秩序的前提下，设计师可根据动线的排布，对功能空间的位置及大小进行略微调整，调整完成后对餐饮空间的空间布局才算基本完成。

5.2 餐饮空间界面设计

餐饮空间中组织和界面设计，是餐饮空间环境基本形体和线形的设计要素。设计时以物质功能和精神功能为依据，考虑相关的客观环境因素和主观的身心感受。餐饮空间中的地坪、墙面、顶棚三部分是餐饮空间设计的三大界面。餐饮空间设计中各个空间界面极大地影响了空间效果。因此，设计师必须从整体设计出发，把空间与界面统一有机结合在一起进行分析与处理，其设计的原则必须符合以下原则。

第一，统一的风格（见图2-37）。同一餐饮空间内的各界面处理必须在同种风格的统一下来进行，这是餐饮空间界面装饰设计中的一个最基本的原则。

图2-37　统一的风格

第二，与室内气氛相一致（见图2-38）。不同使用功能的餐饮空间，具有不同的空间性格和不同环境气氛要求。在餐饮空间界面设计中，需要对使用空间的气氛作充分地分析了解，以便作出合理的处理。

图2-38　气氛一致

第三，避免过分突出。餐饮空间界面始终是空间环境的背景，对空间家具和陈设起烘托、陪衬作用，必须坚持以整体氛围效果（见图2-39）及餐饮文化特征为核心。对于需要营造特殊气氛的空间界面作重点装饰处理，以加强效果。

图2-39 整体氛围

5.2.1 餐饮空间与材料构造

42

  餐饮空间设计中，材料的质地与肌理根据其特性，大致分为：天然材料与人工材料；硬质材料与柔软材料；精细材料与粗糙材料等。不同质地的表面处理的界面材料，给人以不同视觉感受。例如：镜面大理石和玻璃，给人以整洁、精密的感觉；纹理清晰的木材，给人以自然、亲切的感觉；清水勾缝砖墙面，给人以传统、乡土的感觉。由于受各种条件影响，这些感受具有相对性，界面的边缘、交接、不同材料的连接，其造型和构造的处理，是餐饮空间设计方案中需要重视的（见图2-40）。

图2-40 材料构造

5.2.2 餐饮空间与空间构图

餐饮空间设计中的每个空间都是由各种界面围合而成的，这些界面以其自身的构图组合成为一个空间整体，空间界面由于线形、尺度、色彩及肌理等不同，都会给人不同的视觉和心理感受。因此，界面的构图对于餐饮店内设计整个空间产生的视觉作用具有决定性的意义。餐饮空间方案设计中形体的变化是空间造型的根本，两个不同界面的过渡处造型成就了空间的个性。餐饮店内设计空间内的形体处理是以不同的形式处于空间的不同位置，需要通过不同过渡手法进行处理。

5.2.3 地坪设计要求

地坪是餐饮空间设计的基面，从视线上它与人的关系最近，是最先被人感知的界面。在人的视域范围内所占比重仅次于墙面；从触觉上讲，地坪的坚硬与柔软，粗糙与平滑只要人们踩上去即可感知，因此必须满足多方面的要求。首先要保证坚固、耐久，具有耐磨、耐腐蚀、防滑、防潮、防水、防静电、隔声、吸声、易清洁等功能要求，还要与其他界面的整体环境产生一致性与烘托作用，在实际餐饮空间设计需要针对具体需要，合理选择，有所侧重。

餐厅地面设计应与餐厅的使用功能紧密配合，地面的设计是划分用餐区域的重要手段。地面的色彩、质地和图案对用餐气氛会产生直接影响。另外，地面的设计还应考虑消防疏散、残疾人使用便利等要求。

5.2.4 顶棚装饰设计

顶棚是餐饮空间设计的另一个重要界面（见图2-41），尽管它不能像地坪和墙面那样与人的关系非常直接，却是室内空间最富变化和引人注目的界面，最能反映空间的形态关系。特别是在高大空间中，顶棚的视域比值很高，所以在设计时应予以充分的重视。

顶棚在空间中基本全部暴露在人的视线内，是空间中影响力最大的界面，是餐饮室内设计的重点。顶棚造型、色彩、光影变化对室内气氛的营造至关重要。同时顶棚界面设计应综合考虑建筑的结构和设备的要求。

图2-41 顶棚装饰

在进行餐饮空间顶棚设计时要注意顶棚造型的轻快感。造型，色彩，明暗处理方面应考虑此原则，力求简洁、完整，突出重点部位。同时，还需要满足结构和安全要求，设计应保证装饰部分结构构造处理的合理性和可靠性，以确保使用的安全，避免意外事故的发生。要满足设备布置的要求，包括空间照明系统、环境新风系统、消防烟感系统、强弱电安保系统、电器智能化系统等。

5.2.5 墙面装饰设计

墙面是空间的侧界面，是围合空间的最重要手段，在餐饮空间设计中对控制餐饮空间序列，营造空间形象具有十分重要的作用。首先是墙面在空间中是人的视线最易观察的界面，对餐厅氛围的营造至关重要。餐厅墙面的设计应综合多种因素，应考虑墙面与建筑功能和建筑结构的关系。在处理墙体界面时，还考虑到墙面上的依附物，如门窗、洞口、镂空、凸凹面等的餐饮建筑影响。其次是装饰空间。墙面装饰（见图2-42）能使空间美观、整洁、舒适，富有情趣，渲染气氛，增添文化气息。最后是可以满足使用。墙面装饰具有隔热、保温和吸声作用，能满足人们的生理和心理的需求。坚固、规整而对称的墙面设计，能够表达出一种规范的美感；不规则的墙面设计则具有动感和活泼性，尤其是当采用具有粗糙纹理的材料或将某种非规则的设计性格带到空间内时，表现得更为强烈。当墙面带有材质纹理并设计有活泼色彩时，就成了积极活跃的动点界面，成了餐饮空间个性化的界面，餐饮空间中成为视区的重要环节。

图2-42 墙面装饰

5.3 餐饮空间照明设计

随着人们生活品质的提高，在就餐环境上也有了新的要求和审美标准。人们在就餐的同时不仅要享受美食，与此同时也在追求一种环境的高品质。

灯光是餐饮空间设计的重要元素之一（见图2-42，2-43），在整个空间设计领域显得尤为重要，灯光的功能与顾客的味觉、心理感受有着潜移默化的联系，能直接影响到餐饮核心价值。

所以餐饮空间在为顾客提供美食的同时，还要注重氛围的营造，不仅要体现食物的美感，还要调节顾客的情绪，提升顾客的用餐体验，这也是培养顾客忠诚度和提升经营水平的另一绝妙做法。设计师可以运用自然光和人工光作为设计要素来满足餐饮空间氛围的营造。

自然光环境是餐饮空间一种富有生活情趣的空间氛围。充分利用自然光，形成一种人工光所不能达到的、具有浓厚自然气氛的光环境，是餐饮空间设计的重要手段。自然光可分为侧窗采光和顶窗采光两种形式。不同的侧窗和顶窗，由于其形状和大小的差别，可以营造出不同氛围的用餐环境。

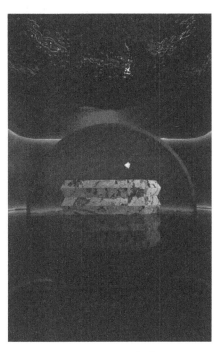
图2-42　照明设计1

图2-43　照明设计2

人工光环境则是由于条件限制，餐饮空间经常会处于无窗或少窗的环境，而餐饮建筑往往又以夜间使用为主。因此，在餐饮空间中设置人工照明是不可避免的。人工光有颜色、冷暖之分。暖色光能产生温暖、华贵、热烈、欢快的气氛，冷色光会造成凉爽、朴素、安静、深远、神秘之感。

餐饮空间的照明设计既能升华设计，也能破坏设计；可以突出空间的特色、氛围，也可暴露空间的缺陷。在设计空间照明时需要注意到艺术性和功能性的结合，单纯地追求一个层面是不行的。空间的照明要求色调柔和、宁静。有足够的亮度，看清食物的同时还能与周围的环境、家具、餐具等相匹配，构成一种视觉上的整体美感。餐饮空间的照明方式以局部照明为主。餐桌正上方的灯是灯光的焦点，它提升了整体装修的美感，进行调光时，还能产生烛光般的效果。可以选择下罩式、多头型、组合型的多样化灯具；灯具形态与空间的整体装饰风格应一致，达到空间氛围所需的明亮、柔和、自然的照度。一般不适合采用朝上照的灯具，因为这与就餐时的视觉不吻合。为方便擦洗，宜采用玻璃、塑料或金属材质的光洁灯罩，不宜用织、纱类织物灯罩或造型繁杂、有吊坠物的灯罩。

餐饮空间的辅助灯光衬托空间的氛围也很重要。使用辅助灯光有许多手段，如在空间造型隔断、软装陈设内置照明、艺术品、装饰品的局部照明以及采用壁灯对墙面材质和色彩进行单独描绘等。使用辅助灯光主要不是为了照明，而是为了以光影效果烘托环境。因此，亮度比餐台上的灯光要低。在突出主要光源的前提下，光影的安排要做到有次序、不紊乱。只有适当降低某些部位的灯光照度，才可能突出想要强调的区域。

5.4 餐饮空间细部设计

餐饮空间有太多的细节和特征性要素需要设计师仔细研究和创新设计。以视觉感受的主要细节因素有：室内采光、照明、材料的质地和色彩、界面本身的形状、线脚和面上的图案肌理等。在餐饮空间的具体细节设计中，需要关注的是显露结构体系与构件构成；突出界面材料的质地与纹理；界面凹凸变化造型特点与光影效果；强调界面色彩或色彩构成；界面上的图案设计与重点装饰等。

5.4.1 材料

餐饮空间装饰材料的质地，根据其特性大致可以分为：天然材料与人工材料；硬质材料与柔软材料；精致材料与粗糙材料。（见图2-44，2-45，2-46）如磨光的花岗石饰面板，即属于天然硬质精致材料，斩假石即属人工硬质粗糙材料等。天然材料中的木、竹、藤、麻、棉等材料常给人们以亲切感，空间采用显示纹理的木材、藤竹家具、草编铺地以及粗略加工的墙体面材，粗犷自然，富有野趣，使人有回归自然的感受。不同质地和表面加工的界面材料，给人们的感受示例如下。

平整光滑的大理石——整洁、精密。

纹理清晰的木材——自然、亲切。

具有斧痕的假石——有力、粗犷。

全反射的镜面不锈钢——精密、高科技。

清水勾缝砖墙面——传统、乡土情。

大面积灰砂粉刷面——干易、整体感。

由于色彩、线形、质地之间具有一定的内在联系和综合感受，又受光线等整体环境的影响，因此，上述感受也具有相对性。

图2-44　材料1　　　　　　　　图2-45　材料2　　　　　　　　图2-46　材料3

5.4.2　线形

餐饮空间界面的线形（见图2-47，2-48）是指界面上的图案、界面边缘、交接处的线脚以及界面本身的形状。

（1）界面上的图案与线脚

界面上的图案必须从属于室内环境整体的气氛，起到烘托、加强室内精神功能的作用。根据不同的场合，图案可能是具象的或抽象的、有彩的或无彩的、有主题的或无主题的，图案的表现手段有绘制的、与界面同质材料的，或以不同材料制作。界面的图案还需要考虑与室内织物（如窗帘、地毯、床罩等）的协调。

界面的边缘、交接、不同材料的连接，它们的造型和构造处理，即所谓"收头"，是空间设计中的难点之一。界面的边缘转角通常用不同断面造型的线脚处理，如墙面木台下的踢脚和上部的压条等的线脚，光洁材料和新型材料大多不作传统材料的线脚处理，但也有界面之间的过渡和材料的"收头"问题。界面的图案与线脚，花饰和纹样，也是室内设计艺术风格定位的重要表达语言。

图2-47　线形1

（2）界面的形状

界面的形状，较多情况是以结构构件、承重墙柱等为依托，以结构体系构成轮廓，形成平面、拱形、折面等不同形状的界面；也可以根据室内使用功能对空间形状的需要，脱开结构层另行考虑，例如剧场、音乐厅的顶界面，近台部分往往需要根据几何声学的反射要求，做成反射的曲面或折面。除了结构体系和功能要求以外，界面的形状也可按所需的环境气氛设计。

图2-48　线形2

（3）界面的不同处理与视觉感受

室内界面由于线型的不同划分、花饰大小的尺度各异、色彩深浅的各样配置及采用各类材质，都会给人们视觉上以不同的感受。

5.5　优秀案例赏析

案例1：

项目名称：*Pine & Dine*

坐落地点：南京市秦淮区马道街25号

设计公司：南京拿云室内设计有限公司

设计主案：陈诣杰

设计面积：330平方米

古韵金陵，城南旧影，危房改造成西式餐吧，意味着要作出不悖于历史文化、建筑美学，同时又让此老宅重新焕发出新生能量与朝气，并使两者充分融合的二次创作。PINE&DINE位于马道街25号，前身是一处老旧的平房民宅。初见时斑驳飞翘的门檐尚可看出昔日城南旧影，然而脱落的墙皮下裸露出年深日久的青砖。沿着周遭走一趟，时间的力量让人感叹。在尽量保留原本特质的同时，也延续出新形态，并以时间为轴，将两者在同一空间充分融合，衍生出全新的生长维度，吸引人们想去一探究竟，倾听年代的故事。旧影斑驳的老宅终得归宿，并且拥有了新生的羽翼（如图2-49，2-50，2-51，2-52，2-53）。

图2-49　　　　　　　　　　　　　　　　　　图2-50

49

图2-51　　　　　　　　　图2-52　　　　　　　　　图2-53

案例2：

　　项目地址：阿那亚黄金海岸社区D3地块湿地公园

　　委托方：秦皇岛阿那亚房地产开发有限公司

　　室内面积：2 833平方米

　　主案设计：朱一鸣

　　这个位于地下的空间拥有多面混凝土砌筑的墙体，天花板被犬舍酒店直通下来的机电设备覆盖，呈现出一种粗犷的外观质地，令人联想到冷酷刚硬的工业场景。设计师一方面希望保留这些原有元素，并将这种粗野主义和工业感引入该项目硬装饰的主题中，不加掩饰地展现出来。另一方面，对食堂的整体氛围展开遐想，其应是温暖热闹，烟火气十足的。

　　设计团队力图在这样的"矛盾"中寻找一种平衡，让冷静与热情、粗野与细腻、理性与浪漫共存。第六食堂室内面积为2 833平方米，其中厨房面积为617平方米，取餐区面积为150平方米，后勤空间面积为210平方米，其他空间为就餐区域。设计师利用场地中夹角和柱子最多的位置作为后厨空间，四周散落后勤服务空间，中间较为开阔和有天井采光的位置作为顾客活动的空间。

　　餐线的最后设置了3排收银通道，可以满足用餐高峰期长达5米的排队收银等待队伍，保证取餐线不拥堵。就餐区分为散客就餐区和阿那亚业主专享就餐区。空间中在通往各个方向的就餐区路线上设有两个自助备餐调料台，方便顾客在取餐之后使用，有效减少了运营方的服务频次。

　　第六食堂采用了触感温暖可靠的原木色白蜡木作为家具的主要材质，来回暖整个室内环境。第六食堂通过视觉和触觉的强烈对比，打造了一个清爽又温馨，干净又充满人间烟火气的创意就餐空间。

　　室外的阳光通过7个由玻璃围合的采光天井透入，映照着天井中置入的绿植景观。设计师运用了电影布景术的"上帝视角"手法，为来到第六食堂用餐的人们展示了观察井内绿植的独特角度。四时之景不同，而乐亦无穷。时间流逝，光影变幻，这些围合起来的方寸空间静默无言地展露它们独一无二的野生美感（见图2-54，2-55，2-56，2-57，2-58，2-59，2-60，2-61）。

图2-54

图2-55

图2-56

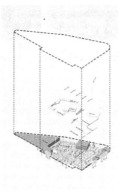

图2-57

图2-58

图2-59

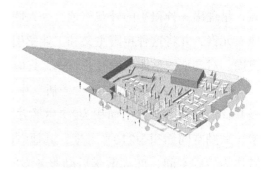

图2-60

图2-61

案例3：

甘其食BAOBAO / Linehouse

Linehouse受甘其食BAOBAO（见图2-62）委托，运用建筑语言为其位于上海的第一家概念店打造品牌形象。该店主打中国传统街头美食——包子，内馅有荤有素，有咸有甜，即将在中美两地铺开店面。为符合该店"从菜园到餐碟，严选新鲜蔬菜，匠心手工制作"的品牌理念，Linehouse精心雕琢了与之密切契合的空间语言，在设计上强调玻璃温室的概念，与原料的展示与种植过程相呼应。（见图2-63，2-64，2-65，2-66，2-67）

图2-62

图2-63

图2-64　　　　　　　　　图2-65　　　　　　　　　图2-66

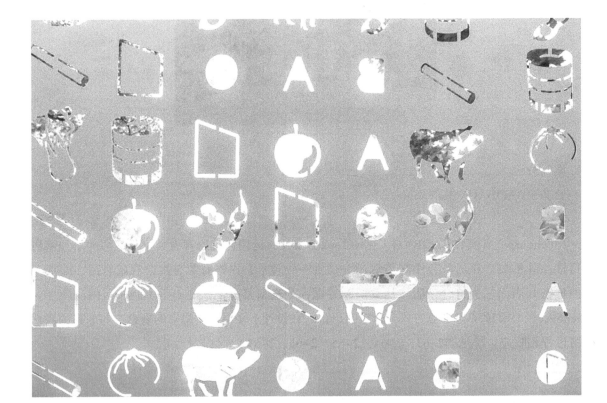

图2-67

6. 餐饮空间的设计重点与发展趋势

6.1　餐饮空间的设计重点

　　餐饮空间设计是企业文化、思想的表达，在餐饮空间设计中只有充分反映中华民族优良的民族精神和品质以及体现企业自身具有的创造力及所蕴含的文化，才能让顾客产生认同感，使顾客和员工真正地融入环境中。

餐饮空间的设计重点要放在研究和思考餐饮文化以及餐饮特殊的空间功能需要方面，在设计空间形式上要具备多样性创新思维，讲求变化与统一的和谐，在餐饮空间设计风格、色调、材料工艺上都要更加具有鲜明的个性及专业设计特征，激发创作设计灵感，提高餐饮空间使用效率。空间设计尺度要适应多元化的时代背景，特别关注餐饮空间的专业设计，使人们的就餐交流过程更加舒适、流畅、自然，同时借助新科技、新技术专业的设计手段，满足人们对现代餐饮空间功能的需求。

6.2 餐饮空间设计发展趋势

餐饮空间设计，从设计角度诠释"以人为本"，即真正设身处地地站在客户的角度思考，在充分了解他们的特质（年龄、收入、学历、消费偏好、代际特征等）的基础上，明白他们的痛点是什么，需求是什么，再以视觉表达为他们来解决和实现，这就是好设计于场景消费的价值。未来餐饮空间设计的发展趋势将会体现在以下几方面。

（1）功能复合化

餐饮空间从满足人们的口腹之欲的场所转化成现在多元化、复合性的功能空间，这种转变正好迎合了人们喜欢多样化，追求新颖、方便舒适的美好生活愿望，是时代发展和大众需求相契合的结果。

（2）餐饮空间多元化

现代餐饮空间的功能越来越多样化，为了与之相匹配和适应，各类餐厅的空间形态也呈日益多元化趋势发展，在中、大型餐饮空间中，常以开敞空间、流动空间、模糊空间等为基本构成单元，结合上升、下降、交错、穿插等方式对其进行组织变化，将其划分若干个形态各异、互相连通的功能空间，这样的组织方式可以使得空间层次分明、富有变化。

（3）信息数字化

随着科技的发展，信息数字化已经渗透人们生活的每一个角落，餐饮空间也不例外。数字化可以节约信息传递时间，提升工作效率。餐饮空间随着数字化的渗透也越来越便捷和人性化，这对餐饮业的发展无疑是有良好推动作用的。

（4）餐饮空间设计材料绿色化

随着城市化进程的不断加快，生活在水泥钢筋混凝土里的人们离大自然越来越远，但是正因为这样，人们对健康环保的渴望也日益强烈，也更加向往大自然，追求低碳生活。正是因为人们的这种追求，所以促使设计师在进行餐饮空间设计时不得不考虑如何营造更为健康生态的空间。

（5）餐饮空间设计手法多样化

餐饮空间设计是随着整个行业的进步不断地向前发展的，为了适应发展、满足使用者的需求，设计师在设计手法上不断创新，力求运用多种设计手法来营造最佳用户体验的餐饮空间。近年来，交互设计法、数字化设计法、信息可视化法、景观室内设计法等都逐渐被应用到餐饮空间设计里。

未来餐饮空间的发展首先将会更加凸显民族精神文化及回归自然化趋势。随着我们国家大众生活水平的提高和文化品位的提升，人们向往优秀传统文化元素和民族精神以及回归自然意识越

53

来越强烈。因此，回归自然必然也成为餐饮空间未来发展的趋势之一，可以在室内增加自然色彩和运用天然材料，创造出丰富的肌理效果，运用具象、抽象的设计手法来使人们联想自然、体验自然。其次，餐饮空间设计会向整体艺术化趋势发展。随着物质财富的积累和审美能力的提高，人们开始从"物质的堆积"中解放出来，追求空间内各个元素的整体、和谐之美，空间、形体、色彩及虚实都要体现艺术性特点，并且增加了文化方面的要求。再次，餐饮空间将会更加特色、个性化。在设计风格逐渐趋同的当代，人们渴望创新，希望用独特的空间造型和色彩组合来表达他们的个性和思想。最后，餐饮空间文化的文脉延续化趋势。设计的发展与其所体现的文化底蕴息息相关，只有凸显文化、回应心灵诉求并实现文化延续，才是有价值、有生命力的设计。

实践篇（52学时）

说在课程前面的话

课程目标——了解方案深化设计的基本知识

掌握创意餐饮空间设计深化的内容

了解并掌握创意餐饮空间设计深化的方式

课程要求——熟练手绘、色彩、空间构成表达能力实现课程专业任务

学习掌握人机工程学、设计心理学基本原理及方法

掌握空间建造基础知识及材料与工艺特性

熟练掌握创意餐饮空间的工程图纸设计、效果图制作、版面设计等基本内容和方法

熟悉材料、灯光、色彩等空间深化设计要素的特征并能灵活运用到方案的设计深化中

学习方法——采用任务驱动项目教学，加强实践动手能力的培养"学"中"做""做"中"学"以"实题虚做""虚题实做"形式采用案例项目带动专业学习，理论与实践相融合，课堂讲授为主与课外实操为辅一体化专业教学

教学步骤——运用理论课堂讲解创意餐饮空间设计深化的方式和具体内容

按照设计概念要求完成深化设计图纸和设计效果表现图纸

结合设计成果演讲展现

考核评价——考核重点为方案深化能力、图纸绘制能力、软件运用能力及设计表达能力，平时作业与期末大作业相结合来考核评估学生掌握本课程知识内容和学习任务，最终以大作业形式展示学习成果及知识重点

第一部分 项目解读与功能分析（4学时）

1. 项目解读

1.1 前期调研

1.1.1 实地现场测绘勘察

实地现场测绘勘查是餐饮空间设计的首要工作。建筑设计图纸只能反映出部分现场情况，存在一定的局限性，常常会有建筑设计图纸与现场实地尺寸差异化的情况，图纸很难保证建筑现场各种梁柱结构、水电管道、风管设备等设施标记准确性。同时，建筑周围环境以及设施图纸上没有具体标注，但是外围环境对室内布局和整体感的构成有着重要的影响。所以现场的调查研究是餐饮空间设计的重要先决条件，现场勘测表如表3-1所示。

环境调研：各方位外部环境、采光状况，考虑设计中功能区域（就餐区的散座区、卡座区、餐饮包厢以及备餐区）有较好的采光及对于一些特殊区域进行无采光设计。

结构调研：详细测绘勘查记录建筑梁板柱及特殊位置结构位置及相关尺寸（考虑设计后期装饰时的界面装修、楼面荷载，如水电接驳点、特别低的次梁和楼板、管道等）。

问题调研：详细观察现场对后期设计施工有直接影响的问题和状况（考虑电荷载是否符合要求、屋面有无漏水、卫生间给水排水位置是否合适等。记录并提前告知客户，并与相关方一起商讨对策）。

现场勘测工作内容表

标准测量手册【表一】

客户姓名：　　　　　　　　　　　　施工地址：

类别		勘测名称	备注	设计师勾选
主体结构常规勘测	1	门洞长宽高	长/宽/高	☐
	2	窗洞长宽高深，离地，高顶	长/宽/高/离顶/离底	☐
	3	净高	高	☐
	4	非常规墙体	长/宽	☐
	5	结构梁	位置/离顶	☐
	6	墙厚	单/双	☐
	7	空调洞	位置/离顶/离地	☐
		辅助草图-异形立面拆解		☐
		辅助草图-弱电装置所在墙		☐
	8	辅助草图-顶楼墙、梁位置		☐
		辅助草图-阳台地梁		☐
		辅助草图-阳台地漏		☐
主体结构厨卫勘测	1	厨房 管道设施	材质，位置，用途判断	☐
	2	落水定位	距离	☐
	3	煤气管道定位	距离	☐
	4	落水管存水弯	最低/离地高	☐
	5	下水管	定位	☐
	6	地漏	定位	☐
	7	排气管	定位	☐
	8	烟道	定位	☐
	9	卫生间 污水管	定位	☐
	10	卫生间管道判定	排气/污水/废水/上水	☐
	11	废水管	定位	☐
	12	排污管	坑距定位	☐
	13	阳台 阳台地梁	高度	☐
	14	阳台地漏	定位	☐
室内水电设施	1	用电标准	判定380/220	☐
	2	总电箱墙体	离顶/离地	☐
	3	强电箱回路	回路数	☐
	4	强电箱定位	长/宽/高/离顶/离底	☐
	5	弱电箱定位	长/宽/高/离顶/离底	☐
	6	水表间用管标准	判定管径（6分/1吋）	☐
	7	水表离最近墙体距离	1吋管用量	☐
	8	现场沟通 上水管道沟通		☐
	9	水管使用情况沟通		☐
	10	热水设备使用情况沟通		☐
	11	弱电使用需求		☐

为了给您提供专业的，更好的服务，请您对设计师现场勘测、量房服务提出您的宝贵意见，谢谢您的配合！

（以下内容由客户填写）

客户要求：

设计师到场时间
☐提前到场　☐准时到场　☐推迟到场

设计师测量工具
☐专业工具箱　☐勘测表

设计师测量情况
☐非常认真　☐认真　☐一般　☐不认真

设计师现场沟通
☐主动沟通，积极回答　☐不主动沟通，但问了也会回答　☐基本没沟通

设计师装修建议对你是否有帮助
☐合理、有帮助　☐比较合理　☐不合理

温馨提醒：

根据我国《住宅室内装饰装修管理办法》第五条

住宅室内装饰装修活动，禁止下列行为：

（一）未经原设计单位或者具有相应资质等级的设计单位提出设计方案，变动建筑主体和承重结构；

（二）将没有防水要求的房间或者阳台改为卫生间、厨房间；

（三）扩大承重墙上原有的门窗尺寸，拆除连接阳台的砖、混凝土墙体；

（四）损坏房屋原有节能设施，降低节能效果；

（五）其他影响建筑结构和使用安全的行为。

（六）本勘测表是尚海整装规范现场勘测工作的辅助工具，客户按照本表内容对设计师服务进行评分后，由设计师带回公司统计归档。

看方案到店日期：

现场勘测人签名：

勘测日期/时间：

客户签名：

日期：

57

表3-1　现场勘测工作表

1.1.2 用户需求设计沟通

除了实地现场勘查，与用户面对面进行有效沟通，征求和了解用户意见及意图等对于后期开展设计也非常重要。

了解功能要求。只有了解用户具体详细的餐饮空间的功能要求，才能明确、有效地展开设计，需求的细节决定了设计的完整性和实用性，可以最大化的满足用户的使用需求，达到设计的根本目的。由于用户的性质不同，同一行业的规模和结构也不相同，餐饮空间有不同的使用功能要求。设计师应该做好详细的记录，对于一些特定的要求或不理解的地方，及时与用户协调、沟通，提出解决方案满足用户使用需求。

了解预算费用。要充分了解用户对预算资金投入的设想和计划，由于用户在资金预算上的分配实际情况，给设计带来实质性的影响，这是设计的基础。通过了解用户的预算，设计师可以有计划、有目标地对设计风格、选材、软装陈设等作出最初步的设想并与用户进行有效沟通，尽量减少双方分歧，从而有效地指导设计方案的进行。

了解用户信息。基于设计的最终目的是为用户进行服务，满足用户餐饮空间的功能需求，更加进一步地了解各项信息对于后期设计的帮助是巨大的。这其中包括用户的审美兴趣喜好、年龄层次、教育背景、公司产品、地域文化等，与客户沟通的过程，既是了解掌握用户信息的过程，也是发挥设计师的专业素养的过程。

1.1.3 项目意向资料收集

餐饮空间资料收集是设计环节中素材文件积累的非常重要的过程，并会对设计后面的各个步骤起到关键的指导作用。信息收集得越全面、详细、准确，以后的设计就越顺利、轻松、容易，这是餐饮空间设计的关键要素。

空间使用模式。收集资料并且进行分析的关键在于餐饮空间的正确使用模式（见图3-1）。避免对已有的有效空间过度使用、使用率低、误用与异用、使用困难等问题出现，这些问题也是资料收集和整理过程中常常被重点关注的焦点。设计师发现并提出相关的问题，既能够避免自己在设计实践中出错，也能够更有意义地关注设计的本体，满足用户餐饮空间的设计需求。

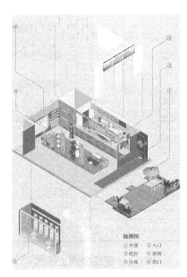

图3-1　餐饮空间规划

58

分析设计重点。SWOT分析法是设计师常用的一种设计思维分析方法（见图3-2），通过收集用户信息发掘餐饮空间设计的机会重点、把握设计的重要方向。在调研阶段需收集大量用户的各项初衷和意见，如不满意之处、最希望改善什么、有什么建议等，再把这些信息统计、汇总，根据问题反应的次数排列出需求的重要性等级，按顺序解析空间问题和寻找设计重点。

图3-2　SWOT分析表

实体环境评估。经过对用户信息的采集、整理、分析，得出结论进行客观的评估（见图3-3）。重点在于评估判断项目现状与设计理想空间环境之间的差别。实体环境的评估标准可以是餐饮空间本身的特性，也可以是对餐饮空间环境设计要素的感知。从餐饮空间本身的特性方面来看，主要有比例、尺度、材质、色彩、光照、流线、视线等；从餐饮空间环境设计要素的感知方面来看，主要有舒适、愉悦、安全、活力、可识别等。因此，通过对以上两类实体的调研，设计师可以直接寻找出餐饮空间环境的设计核心要素和设计亮点。

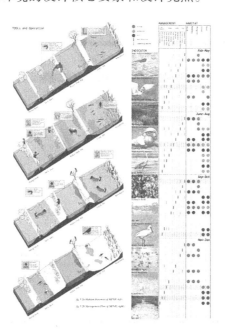

表3-3　环境评估分析图

设计构思转化。将之前所有的调研信息分析结论后，作出实质性的设计创新思维语言，确定设计目标，针对餐饮空间的预期形象也逐步丰富具体形象化，调研结果有利于拓展研究的广度和深度，从而对相关问题提出合理的解决策略（见图3-4）。

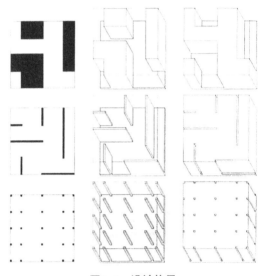

图3-4　设计构思

1.2　任务规划

进行餐饮空间设计，首先就要制订一项切实可行的项目实施计划，规划设计过程中每一个问题，保证在设计时重点关注到每一个具体细节。设计师需要根据要求确定项目设计的规模内容及时间，制定一个设计工作的日程进度表，合理地安排设计过程中各阶段的工作时间，保证设计能够在规定的时间内完成。常见的做法是：把项目设计从开始到结束需要经过的各个阶段的起始时间统筹规划，并以文字及图表的形式表现出来。图表的形式直观、简练、易懂（见图3-5）。设计计划的内容主要包括项目概要、设计理念、总体规划、设计进度、设计功能、工作分配及要求、设计成果展现等。

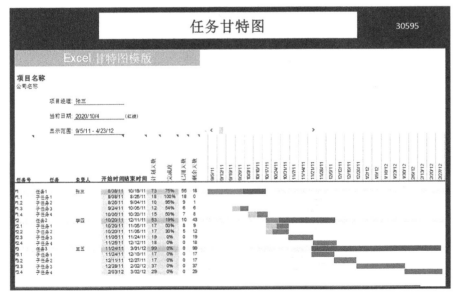

图3-5　任务甘特图

1.2.1　项目设计规划

设计设施过程包括规划、设计、施工、管理四个阶段。其中，设计规划是指对餐饮空间的功能设定所需规模、投资预算、审美倾向等进行综合评价，最终确定设计的方向并进行设计。设计过程可以划分为设计定位、设计实施和设计交付。

设计的总体时间制定要求参考项目的复杂程度。只有对总体时间要求和设计的复杂程度进行充分的了解和分析，才能合理地进行阶段性工作的安排。设计过程中，有些工作是有工作时间的交叉性特点，同时进行或者分工合作的，所以在制订计划和制作图表时，要考虑到计划时间内各阶段工作的相互配合，以最合理的进展安排来获得最大的设计效益。

1.2.2　项目设计说明

要求对设计项目作出明确、清晰的设计说明。首先，设计项目说明应简要标明客户项目名称、项目所处的环境和位置、项目的性质和规模、设计的面积及最终目的等。在此阶段，具体的设计细节还未做深入研究，设计项目说明只是明确需要完成的任务。设计工作的细化是制定工作计划的目的及合理安排时间的前提和保障，但项目设计往往不是个人行为，而是整个设计团队的行为，需要各个工种相互配合。设计工作包括设计创意、设计进展、效果表现、材料选样、设计论证、成本核算等阶段，需要设计者详细规划各项工作。由于设计行为的团体性，且设计进度计划表需要建设方、设计方等多方共同认可，因此在图表编制过程中尽量采用通俗易懂、易于交流和识别的方式编制。（见图3-6）

在实际的任务执行过程中，不仅有矛盾点和不合理之处，还存在技术上、经济上不可能实现的要求等，通过分析出用户的真实需求，从传统优秀文化中的人文环境与现实具体情况，从传统优秀文化中的天时地利人和到无为而治等，体会和诠释用户内心真实的感受和诉求，提出专业性的可行设计方案，使用户明确所需要的餐饮空间功能。

61

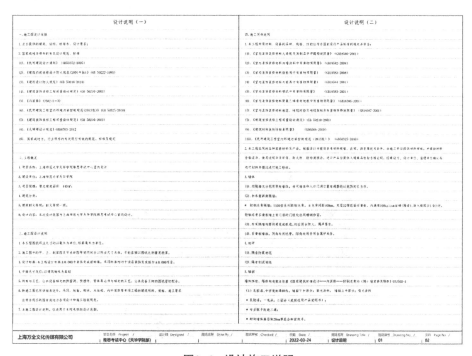

图3-6　设计施工说明

1.2.3 项目设计任务

需要设计师自设计实施之前对设计项目的各项内容做一个详细的设计任务书，作为设计内容、要求、工程造价的总依据。

项目概况：包括项目的名称、项目所在的位置、建筑面积及项目负责人等信息。

设计依据：包括招标文件、原始建筑图纸、结构图纸、机电 设计图纸等，用户主要设计诉求、投资造价的费用等内容。

设计要求：包括设计整体风格、餐饮文化体现方式、餐饮空间规划要求、区域通风采光分析、声光环境需求、功能区域及人数要求、特殊设备家具要求。

设计范围：包括室内外餐饮空间设计、水电安装设计、网络系统设计、消防系统设计、空调新风系统设计、智能化系统设计、软装配置设计、家具家私设计。

设计任务：包括概念设计方案阶段内容、深化设计方案阶段内容、设计效果图表现阶段内容、设计施工图阶段内容、设计施工阶段服务等。

设计进度：包括设计分项、设计成员、设计内容、设计阶段及时间节点进度。

造价控制：包括设计预算、材料选型及主材价格等。

2. 功能分析

2.1 工作空间功能分析

餐饮模式的变化，给餐饮空间设计带来新的挑战和机会。传统的餐饮空间结构已经不能满足现在就餐功能需求，空间的互动性、社会性和流动性特征决定了传统餐饮空间将会被众多的不同类型的空间组合取而代之，即新的空间形式，如传统风格的中式空间、时尚简约的新中式空间、西式空间、日式空间、韩式空间等，这一过程与餐饮建筑的解体同时发生，餐饮建筑的定义也就被泛化了。

从餐饮空间功能上分析，其主要的功能包括：就餐空间（如多功能餐饮空间、宴会厅餐饮空间、中式餐饮空间、西式餐饮空间、风味餐饮空间、饮品店餐饮空间、食堂餐饮空间、自助空间餐饮空间、快餐饮空间等）（见图3-7）；辅助空间（如前台接待区、厨房操作区、休闲等候区、中庭空间、卫生间、仓储区等）（见图3-8）；交通空间（如门厅、走道、楼梯间、消防通道等）（见图3-9）三个部分。这三个主要功能区的设计处理构成了餐饮空间设计的基础。

图3-7 就餐空间

图3-8　辅助空间

63

图3-9　交通空间

　　餐饮空间性质的改变对于空间发展的影响程度成为餐饮空间动态发展的影响性因素。现代的餐饮工作就处于这两者的平衡之中，无论是独立的个人餐饮还是多人餐饮，都可以用互动的频率和自治的程度平衡两者间的尺度来衡量，同时这两个因素也为判断各种不同类型的餐饮工作所占空间的比例提供了准确的依据。

2.1.1　餐饮空间的交互频率

　　交互，主要是指人与人、人与界之间面对面的交流。"互动对整体生产力的提高"这一话题曾在1991年前后被美国大学及企业界方面进行了热烈的探讨与调查研究。随着餐饮工作中交流频率的增多，餐饮空间需要创造更多的机会和空间增加同事之间的交流。这包括正式、非正式的就餐或工作间的偶遇。正式的就餐大部分须事先安排有固定议程，一般有可容纳不同人数的大、中、小就餐空间；而非正式的就餐或偶遇指同事间在餐饮空间里巧遇，然后进行简短的交谈或社交聚会。因此，设计适当的交流互动休闲餐饮空间，如商务会所餐厅、酒吧、茶室、特色餐饮等等，促进和激励大家多维度的非正式交流互动，对于餐饮空间功能的提升有积极的促进作用。

2.1.2 餐饮空间的自理程度

空间自理是指餐饮功能区域对于功能性的内容、产品、地点和就餐过程中使用的空间设计、控制、判断和所承担的功能责任及空间管理和约束。餐饮空间自理功能设计程度越高，就越有利于倾向创造属于顾客和员工的行为规划的就餐空间环境，对就餐空间环境的类型和质量就越有积极的判断力，更加有效管理和实现计划目标。空间交互的频率和空间自理的程度与餐饮空间设计的许多方面有着紧密的联系，将会影响着顾客及员工对餐饮空间规划、工作设置和环境服务设施的期望程度。

2.1.3 餐饮空间的空间结构

根据餐饮空间的基本类型，可以针对不同的餐饮特点设计相对应的餐饮空间（见图3-10，3-11），不同的空间模式代表着对主要活动空间的需要重组与混合关系。

空间的组合、衔接。依据餐饮流程安排适用于此流程的餐饮空间关系排序。餐饮空间之间的衔接特别要注意人的因素，关注人在进行空间转换时的心理变化及环境行为特征，其餐饮空间之间的结合处的过渡设计尤为重要。这种过渡空间可以使餐饮空间、服务空间、辅助空间、交通空间、休闲空间或者设备空间等有机衔接。成为餐饮空间区域内的视觉和空间中心，在吸引顾客及员工到此进行餐饮交流活动、工作的同时完成向其他餐饮空间的转换。

图3-10　餐饮空间的空间结构1　　　图3-11　餐饮空间的空间结构2

空间的可变性操作。各种不同餐饮空间模式的空间划分不是严格界定、一成不变的，多种餐饮空间模式的形成是由一种餐饮模式向其他餐饮模式转变的可能性或者包含其餐饮模式的可能性而产生的新的餐饮空间（见图3-12）。由于种种条件的制约和改变，实现完全理想状态的综合餐饮空间是很难的，目前只是部分满足了顾客的这种需求，只是能够在已有的餐饮空间环境氛围方面进行调整，以适应不同工作时间、不同餐饮活动的需要，这是未来现代餐饮空间设计的重点所在。

图3-12　餐饮空间模式

2.2　辅助空间功能分析

　　现代餐饮空间的本质是具有社会功能的多类型综合空间，人们活动的居住、工作、休憩和交通特殊性都应该在现代餐饮空间设计规划中表达出来，其形式具有多样性和专业性。

　　餐饮空间的辅助空间包括共享空间、休闲空间等功能区域（见图3-13，3-14）。在新型餐饮空间流动性及空间规划下的策略空间设计中，辅助空间的重要性已经和功能空间不相上下，其设计直接影响餐饮空间的使用。同时，辅助空间的设计应该结合功能空间、交通空间等，实现功能的复合性，形成有机的餐饮空间整体。

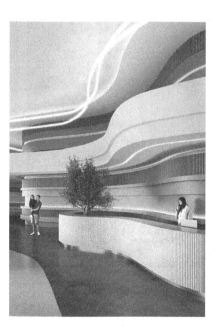

图3-13　餐饮空间的辅助空间1　　　　　图3-14　餐饮空间的辅助空间2

2.2.1 餐饮空间的休闲空间

作为现代餐饮空间其中之一的休闲功能空间，在实际设计运用当中凸显出别样全新的、具有独立空间的餐饮空间形态，已成为未来餐饮空间设计研究的重点。

案例：

项目名称：巢湖"Spring Feast"餐厅

客户：华侨城集团

地点：中国 合肥

年份：2022

面积：1405平方米

室内设计公司：Ippolito Fleitz Group

公司网址：https://ifgroup.org/en/

"山有二泉，一冷一热，合流其初，冷热仍异，数里之外始相混。鱼自冷泉，触热则亟回。"位于巢湖附近的半汤温泉是远近闻名的旅游与水疗胜地。在美不胜收的自然怀抱中，设计师为前来享受水疗时光的顾客打造了一间别具一格的高级餐厅。这间餐厅将水景转化为体验，紧扣泉眼主题。在此地，泉水不仅用于水疗，而且用来烹饪和饮用。流动的水波演绎出流畅的线条，贯穿在大尺度的明亮空间内，为美食体验创造最佳烘托（见图3-15，3-16，3-17）。

图3-15　餐饮空间的休闲空间1

图3-16　餐饮空间的休闲空间2

图3-17　餐饮空间的休闲空间3

2.2.2　餐饮空间的共享空间

　　建筑空间表现出的共享空间、中庭等以人为主体的空间是基于"以主体为核心"的社会组织多元化的发展趋势，个体在餐饮空间中的行为逐渐多样化，造就了需要一个凝聚和辐射性较强的活动餐饮空间。该空间与人们之间产生相互作用，人与空间相互融合、聚集在一起，促成人们相互交往并体验丰富的环境刺激的空间。在现代餐饮空间中，共享空间可以是建筑的特质视觉及社会交互中心。共享空间本身具有流通功能，可以作为休息、交谈、展览、表演的复合空间。同时它还可以改善餐饮空间的物理环境，减少墙面的外露，最大限度地利用自然采光和户外自然景观（见图3-18，3-19，3-20，3-21）。

　　共享空间具有多种形式，可以是巨型的室内中庭空间，也可以是依附于交通空间或者工作空间的小型场所，它综合了各种公共服务功能，提供不同的共享方式和空间装饰性组合。直接影响整体餐饮空间的布局方式及餐饮建筑的外观造型。

图3-18　餐饮空间的共享空间1　　　　图3-19　餐饮空间的共享空间2

图3-20　餐饮空间的共享空间3　　　　图3-21　餐饮空间的共享空间4

（1）融合式共享空间

与入口门厅合二为一是一种较为常见的方式，餐饮共享空间作为门厅休息区域的扩展区域，与门厅空间没有明显的分界线，主要是为人们提供餐饮接待及休息服务的场所（见图3-22）。这种餐饮空间布局形式集合多种功能。面积使用率和功效比较高，同时使餐饮建筑入口显得宽敞、明亮，具有时尚感。同时，餐饮共享空间集聚接待、交通等功能，其功能繁杂且入口区域人员流动性大，组合布置较为困难；门厅面积加剧的热压效应影响容易引起冷风渗透、热量损耗比重增加，对整个门厅的保暖节能效果不利。

图3-22　融合式共享空间

（2）独立式共享空间

独立式共享空间即共享空间与门厅等其他空间相互分离，单独设置，人们可以通过走廊、过道等进入其中。

中心环绕型：在餐饮空间由内向外呈围合式布局的共享空间（见图3-23，3-24）。此类共享空间作为餐饮空间公共部分中心组合各种功能，顶部采光，围合感较强，减少了外界气候的影响，创造了一片与周围餐饮区氛围截然不同的宁静天地。它往往成为顾客和员工视线和活动的中心，大量交流活动在此进行，所以围绕共享空间的功能区多布置小型或者俱乐部聚集式的开放性餐饮空间，在满足景观作用的同时充分发挥共享空间的社会交往作用。但是此类共享空间基本处于对外封闭状态，它对外界景物的排斥让人感到美中不足，同时公共区域的围合也限制了共享空间的规模以及变化的自由度。

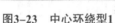
图3-23　中心环绕型1　　　　　　　　图3-24　中心环绕型2

　　排序递进型：围绕标准层的共享空间联系公共空间与餐饮空间或四周围合，或单向开敞，标准层的走廊逐层而上，延伸至共享空间（见图3-25）。人们通过窗户即可看到共享空间中的景致。这样不仅做到了使标准层平面中每个功能区间都有良好的采光效果和景观，而且通过人性化的设计使得该空间成为吸引顾客和员工到此停留的社交节点。在具体的餐饮空间设计中，一般以宁静的气氛为主调，尺度往往较大，略显空旷，层数不宜过高，空间除了景观因素外，还需要考虑一定的社交功能。这里对社交功能的设计需要注意维护公共活动和餐饮环境之间的和谐。

图3-25　排序递进型

竖向组合型：空中共享空间在高层餐饮建筑的竖向组合中也会常常采用。呈竖向规律状组合和其他功能空间、交通空间等形成极具美感、个性化的餐饮空间形态（见图3-26）。打破了原有的层高限制，成为竖向公共空间的又一个节点与缓冲空间。空中共享空间改变了原有餐饮标准层私密、封闭的空间格局，使得进深较大的高层餐饮空间获得较好的视野和光线条件，满足了人们开放与交流的心理需求与工作需要。

图3-26　竖向组合型

2.3　交通空间功能分析

餐饮空间中的交通空间主要由平面水平方向和剖面内垂直方向交通空间设计组成。是餐饮建筑公共空间的主要构成骨架，相当于城市公共"道路"，它的布置形式往往决定了餐饮空间的格局（见图3-27）。

作为线性要素，餐饮空间中的交通空间与功能空间、辅助空间等节点型空间一起组成餐饮空间的线性空间网络。从本质上说，交通空间属于穿过性、运动性空间，具有引导方向的导视作用，对节点型空间起到关联协调的作用，同时兼具交往、休息、观赏等功能。在以往的餐饮空间设计中，人们出于经济上的考虑，往往只注重其功能上的交通和疏散设计，缩减了交通空间的面积，以达到餐饮空间有效利用最大化的目的。现代餐饮空间设计中，根据对餐饮空间环境行为以及人们生理、心理的研究分析，交通空间所具有的内涵和作用凸显得更加显著，交通空间的设计在餐饮空间中尤为重要。

图3-27 饮空间中的交通空间

2.3.1 餐饮空间的水平方向交通空间设计

水平向交通空间的表现形式主要为门厅、过厅和走廊通道等，它的主要作用是连接平面内各个具体的节点空间。相对于垂直方向交通空间来说，水平方向交通空间设计的布置方式较为自由。结构、建筑造型等制约性因素对于水平方向交通空间的影响较小，可以根据各餐饮空间的使用方式来选择和调整其交通空间组织模式。现代餐饮空间设计中，水平方向交通空间比垂直方向交通空间对餐饮模式及空间使用更具决定性作用。

（1）门厅

门厅是水平方向交通空间的一种表现形式，是餐饮建筑室内外过渡的空间（见图3-28，3-29，3-30），也是餐饮室内外建筑空间序列的交界点和起始点，它除了担负着组织交通的枢纽作用外，还应作为空间的起始阶段和整个空间序列的有机组成部分来考虑。门厅入口的视点景观的虚实、高低、大小、比例的研究设计结果，决定着人们良好的第一印象，极大地表现餐饮空间设计艺术形象。因此，门厅设计的特点就在于内外兼顾的重要性作用。

图3-28　门厅1

在现代餐饮空间中，门厅设计还应考虑社会交往性和空间引导性功能。现代餐饮空间环境行为呈现交流性和社会性的趋势，成为增进人们交往的重要的环节。门厅入口的设计更具有公共性特征，是一个具有活力的要素空间区域，提供多种交往行为的可能。餐饮空间作为社会空间的重要组成部分，外向型的门厅入口空间设计与周围产生联系的同时可以增加建筑内部的交流，餐饮空间的设计模式和形式相一致，结合比例、形状、方向等因素引导人们逐渐进入内部餐饮空间，使建筑内外空间之间的过渡更加自然、宜人，更好地融入周围的城市空间中。

图3-29　门厅2

图3-30　门厅3

（2）过厅

过厅是水平方向交通空间的一种表现形式，是不同性质空间之间的过渡与转换空间（见图3-31，3-32）。合理运用过厅可以很好地组织交通动线的集聚与疏散，过厅也是创造空间层次的一种设计手法。有时设计师为了制造空间对比与变化，使人们获得不同的空间体验，也会借助过厅来达到衬托主要使用空间的目的，一方面起到缓冲、渐进的作用，另一方面可以展示餐饮文化、创造叙述性空间特质的场所。

过厅通常位于内部公共空间结构网络的焦点结合部位。在餐饮空间中有两个最显眼的位置：一是垂直方向交通与水平方向交通的交界处；二是空间性质发生改变的转折点。依据其空间位置和作用，过厅设计的侧重和功能作用点各不相同。在现代餐饮空间复杂的构成环境中，过厅作为过渡性空间所体现出的独特作用是其他交通空间所无法替代的。整体餐饮空间的合理性不仅是单个餐饮空间的合理化设计，而且同样是各个餐饮空间之间的组合。餐饮空间中各功能空间需要更加多样化的餐饮关联空间，其中，过渡性餐饮空间将会协调、衔接与转换因功能不同、性质不同，其大小、形态与结构构造不相同而造成的空间冲突，从而维持良好的餐饮空间功能秩序。因此，逐渐成了设计的重点及设计的亮点。

图3-31　过厅1　　　　　　　　　　图3-32　过厅2

（3）通道

通道是平面内水平方向交通空间的主要组成部分，构成了餐饮空间交通结构的基本骨架。从布置模式来看，餐饮空间的通道主要包括分散型结构、线型结构和集中型结构三种。通道形式都应该能够促进人与人、人与空间之间的交流活动。

分散型结构。分散型通道结构在很大程度上以格子的形式进行布局（见图3-33）。交通结构被划分成主通道和支路两个等级或者其他类似的规划。餐饮空间实现均质化，形成了一系列大小相近的区域性餐饮空间。

73

图3-33　分散型通道

线型结构。线型通道结构（见图3-34）主要由直线型、曲线型和在其基础上加以变形的梳状结构组成，直线型通道结构更适合相对独立的个人密室型餐饮模式，梳型结构能够清晰地规划出较大的顾客群或者整个集群的功能空间，能够很容易地区分顾客和员工所属各自的空间区域。"梳齿"之间的空间形成了中央交流空间，可以促进人与人之间的非正式交流，因此梳型结构更能适应现代新型餐饮模式的需要。

图3-34　线型通道

集中型结构。集中型结构通道以星形或环形的方式把各条通道连接起来，形成环形通道，周围布置各式各样富于变化的餐饮空间，被环形通道围绕的中庭成为餐饮空间的中心（见图3-35）。集中型交通结构适用于标准层面积适中的餐饮空间设计。

图3-35　集中型通道

2.3.2　餐饮空间的垂直方向交通空间设计

垂直方向交通空间（见图3-36，3-37）联系着不同高程的楼层面，控制着竖向运动的路线，形成竖向空间的连续性路径。同时，垂直向交通空间也是重要的景观要素，为不同楼层的空间提供了视觉上的联系，达成竖向的沟通和连续，赋予空间以动感。它的垂直向特征十分显著，具有非常强的导向性，主要包括楼梯、电梯等空间及它们之间的联系空间。

图3-36　垂直方向交通1

在餐饮建筑内部空间体系中，垂直向交通空间根据其空间视觉特征可以分为封闭式垂直向交通空间和通透式垂直向交通空间两种。封闭式垂直向交通空间指垂直向交通自成体系的空间，空间界面较为闭塞，视觉通透性差，不与其他类型的餐饮空间相融或相交，功能上主要以交通运输为主，多与设备空间、服务空间等结合布置。通透式垂直向交通空间指垂直向交通与餐饮建筑内

部空间体系中的其他公共性空间，如共享空间、服务空间、辅助空间等，通过采用透明介质或者无介质的方式，互相融合、渗透。这时，它除了具有交通运输的作用外，还被赋予了联系人们沟通、交往的意义，有益增进顾客和顾客以及与员工间的交流活动。

图3-37　垂直方向交通2

随着新型餐饮空间设计的进一步发展，设计师意识到人们在不同餐饮空间中的交流与联系方式的状态存在很大的差异化，因此"推进纵向联系"这一设计思路为解决该问题进行了初步尝试，其表现形式为一道壮观的楼梯穿过楼板连接各功能空间或在共享空间中设置联系各个楼层的空中连廊，以此增加不同楼层间的餐饮空间联系。

第二部分 餐饮空间设计流程（12学时）

1. 设计定位及调研

1.1 餐饮空间设计的主题定位阶段

1.1.1 主题定位的意义

"餐饮空间设计"这门课程的课题主题设定的范围非常广泛，所以，确定一个合乎专业特征以及专业发展方向的主题定位是非常重要的。餐饮空间设计的主题定位是否准确，意味着设计的目的能否代表着我国社会传统与现代文化融合的切实问题与相互关系，需要思考的是基于传统自然、和谐、包容、共享的优秀文化思想和企业的文化特征，能否代表着使用者需求的消费心理满足特征，而这种特征恰恰是餐饮空间设计是否成功的重要体现，因此，确定一个敏锐、精练、准确的主题定位对于餐饮空间设计而言是相当重要的。

1.1.2 主题定位的来源

好的餐饮空间设计的主题定位是有一定的前提条件和依据的。要想使餐饮空间设计在未来潜在顾客心目中占有一定的重要的位置，其重点是对未来潜在的消费群体的消费心理上下的功夫，为此要从设计特征、服务等多方面作研究，并顾及竞争对手的情况。通过市场实验及市场和消费者使用习惯的变化，餐饮空间设计在必要时要进行重新定位，主题设定的依据和条件则是：能否结合社会企业确定实用型的专业设计课题；能否切实通过深入、扎实、细致的社会市场调研以发现、解决我们现实生活当中的实际问题而确定的专业设计课题；能否充分综合运用所学的各项专业知识和技能来展现对餐饮空间设计的全新理解及感悟。

1.1.3 主题定位的内容

选择餐饮空间设计课题主题的方法很多，以下有几种方法供大家参考。

（1）社会实践型

整合社会资源共同开展餐饮空间设计，联系社会相关的企业，结合自身的专业特色和能力，深入学习专业实操知识和经验，将自己所学知识通过项目实践运用到实际工作当中去，贴近和丰富实践经验，理论联系实践完成课题。

（2）功能满足型

满足人们不同的需求，就是餐饮空间设计最大的特征及最高的要求和期望，也就注定了设计与生活、自然环境等息息相关。无论是职业、年龄、性别、受教育的程度、社会地位、个性喜好等，都需要有相关的餐饮空间设计与之相对应，如何解决和满足社会的众多需求，给餐饮空间设计提出了更为广泛的研究课题。

（3）文化分区型

我国地大物博，文化种类繁多且极其优秀，各个民族的优良特色文化在不同的地域和历史阶段都显示着光辉的文化属性和特征。不同的地域文化差异造就不同的餐饮空间方式、文化结构。应将传统文化精髓与现代文化进行融合，将中西方文化精神相互交错提升，并且迸发出时代的气息和魅力，使人类文明得以传承。

（4）社会焦点型

餐饮空间设计是现代科学技术和人类文化综合发展的社会化产物，是科学技术成果商品化的重要环节，是科学与应用、技术与生活、文化与交流、生产与消费的桥梁。所以说，餐饮空间设计课题的设定在某一个层面上可以说是代表着对当今自然界事物的前瞻性的体现，"能源、环保、人性化"等都是目前社会的焦点问题，在这其中，同样包含着我们专业所迫切需要解决的诸多研究性课题。

（5）发现问题型

只有发现问题才能够解决问题，这是一个不变的真理。在我们身边处处存在着许多问题，关键是能否发现它们，从餐饮空间设计的动、静、行、留等各个方面来分析和观察，都能够找到许许多多的、等待解决的大大小小的问题，这本身就给我们带来了学习研究课题。

这么多年的教学经验告诉我们，提倡大家要"小题大做""精耕细作""索本求源"，培养务实、严谨、勤奋的求学精神，传承优秀的文化和民族精神。

1.2 专题设计调研的阶段

1.2.1 确定调研的主题和方向

通过前面的学习和总结，在进行餐饮空间设计之前，首先要求每一位学生必须明确设计方向和目标，因为只有这样才能够顺利开展餐饮空间设计的前期社会市场调研工作。只有明确了设计的主题和设计方向，才能够制定出切实可行的调研报告，为后面的专题设计打下良好的基础。

1.2.2 开展市场调研收集资料

在确定了课题主题方向后，要求学生根据课题执行标准逐步进行深入细致的餐饮空间设计及其相关的市场调研活动，通过四个层面有计划有目的地进行搜集各类资料信息。

（1）全面调查与重点调查相结合

市场调查是指客观、系统、全面地收集关于餐饮空间设计的所有相关的信息，运用专业的、科学的方法对所调查的对象以及搜集到的数据进行专业分析和研究，为设计者后续餐饮空间设计、开发、决策提供重要的依据。调研分析不只存在于设计的最初阶段，而是贯穿整个设计过程，在各个步骤都需要不断地调研、反馈、改进再调研、再反馈、再改进的周而复始的工作，它是对餐饮空间设计全过程的探查、分析和总结。

（2）书面调查与实地调研相结合

在准备对某一类餐饮空间设计进行一系列的市场调研时，应对众多的需要调研的资料进行书面形式的整理和分析。通过不同形式的图表能够更加简洁明了地展示内容、更加方便快捷地分析数据资料，然后再结合实际餐饮环境和实地的真实状况进行市场调研，最终得到的结果则是可以基本准确地如实反映实际情况。

（3）总结经验与研究策略相结合

对餐饮空间设计要进行最本质的总结和归纳认识，包括了解目前市面上该类餐饮空间的功能、形态、材质等自身属性，针对现有餐饮空间设计的总结得出相关的经验，同时深入了解消费者的真实需求，切实得出量化的分析数据；结合已总结的经验制定出有针对性的研究策略，所谓"知己知彼，百战不殆"，设计研发前必须对餐饮空间市场的竞争环境有所了解。通过对竞争市场、竞争对手、竞争类型、市场供给、市场发展趋势等的分析，形成餐饮空间设计的差异性，建立设计的竞争优势。

（4）多种方式方法相结合

餐饮空间设计离不开消费者的实际需求，因此在设计初期，不仅要对餐饮空间自身、环境因素、市场因素等进行深入细致的调查和研究，还需要对餐饮企业自身进行研究。通过对餐饮企业的文化、餐饮的形式种类、餐饮企业的资金运转情况、地域文化属性、专业人员配置（是否有可以胜任的设计师和管理者、先进技术的掌握）等进行大量的内部考察，应用多种调查研究的方法来确保餐饮空间设计的顺利实施。

在通过详细的市场调研分析后得出的设计说明和设计数据，再进行综合的比较和选择，逐渐确定其战略定位、市场情形和目标消费人群，并将这些信息贯彻到餐饮空间设计的具体实施过程中去。

1.3 餐饮空间设计的意识

1.3.1 务实创新的意识

创新，是餐饮空间设计的根本，"务实"是餐饮空间设计的需要。创新贯穿着设计的始终，没有创新的设计就等于没有生命的设计，就有可能是不良设计，带来的是误导消费者，造成社会资源的大量浪费和环境的污染。同样，不切实际的设计在带给人们和社会虚假繁荣的同时，在心灵上和社会责任、自然规律等方面都违背了人类社会历史发展的轨迹，只有紧紧抓住创新和务实这两个设计的灵魂，激发学生敢于突破、敢于张扬个性的优势，在专业指导教师的辅导下，将科学技术、各种地域文化相互有机地结合，才是本次课程对学生设计的意识要求。

1.3.2 专业合作的意识

团队合作的意识，是设计领域特别是环境设计领域需要特别重视的意识。现今设计已经进入一个全新的、划时代的历史阶段，餐饮空间设计在这个极其特殊的时代背景之下，其专业分工越来越淡化，交叉学科的参与和应用则越发普遍。随着社会和市场的需求发展，要求设计师从技术型逐步向综合型、合作型转变，优秀的设计研发团队不光是设计师，同时还有材料、工艺、机电、市场营销、成本核算、贸易以及知识产权等多方面专家的参与。所以说，好的设计来源于好的团队。

1.3.3 时尚设计的意识

创新是餐饮空间设计的根本，我们要放眼新时期的设计思潮和发展趋势，时刻保持并提出具有前瞻性的设计思想，以人们的实际需求为导引将新技术、新材料、新的生活方式、新的审美观、新的价值观等诸多因素融入新时期的餐饮空间设计和研究的方向中。

世界正向多元化、一体化的方向发展，国际各个领域间的交流日益频繁，处处隐含及凸显着发展的商机。餐饮空间设计同样正处在历史的风口浪尖上，而未来的设计趋势也证实了餐饮空间设计正向着多元化与多样性、从有序到无序的变化发展。设计似乎已经成为当今社会的焦点，而未来设计的热点则在于其跨越了设计原有的传统概念，其意义的外延已经扩展到国家经济发展的调和作用的高度和广度。对餐饮空间设计领域而言，其热点设计思想则在于"能源、环保、人性化"的理念，也就是说设计与社会、自然界之间的关系体现在生态学与绿色革命；在于可持续能源的发展及开发；在于人类的健康工程学理论的研究等方面。总之，超前的设计思想及极富想象力的前瞻性的眼光和意识，决定着今后餐饮空间设计发展和目标。

1.3.4 知识产权的意识

当今信息时代，知识产权的保护已经成为一种不言而喻的国际共识。信息的获取和交互更加便利、畅通和快捷，信息资源也越发丰富和详细，所有这些在为人类社会提供便利的同时，也给某些不良机构和个人窃取他人设计成果提供了众多的渠道。作为学习餐饮空间设计的学生而言，了解和掌握一些相关的知识产权的法律知识和保护体系，始终保持清醒的申报专利的法律意识，加强自我完善和保护意识，这对于今后走向社会工作岗位，积极开展社会工作都是大有益处的。

2. 设计创意

2.1 餐饮空间设计的创意来源

追求与解决设计问题的关键就来源于设计创意，每一位设计师都会竭尽全力去实现对于设计概念的思考和设计创意实践。设计过程本身就是一个发现问题—解决问题—再发现问题—再去解决问题的创新思维过程，在设计过程中对设计概念进行完善和修正，关注细节，不断对设计的各个环节进行反思。

设计师针对每一个项目最初的设计构想都对设计过程环节和最终的设计成果起着决定性的影响和作用。这需要设计师在最初的设计时及设计分析阶段就要把握好设计的创意构思，不能沉湎于以往的固化的设计模式，需要不断地学习和积累，找到其规律和合适的设计方法，现代创意餐饮空间设计主要是围绕交流性、社会性和流动性三大核心要素展开的，这些要素构成了创意灵感的主要来源。

2.1.1 餐饮空间的信息化属性

信息社会的属性同样影响着现代餐饮空间的设计的思维创新，在餐饮空间设计中充满着诸多信息差异性。而现代餐饮空间的设计创新思维就来源于各种环境下的信息交流和人们沟通所带来的创造力。

（1）空间形式交流

当今社会对于餐饮空间形式有了更高、更深层次的需求。专业性、智能化、功能型设计要素已经成为未来餐饮经营的战略性的要素，构成现代餐饮空间的重要组成部分。因此，基本餐饮空间设计单元及多样化的空间组合形态的创新型餐饮空间设计将会更好地支持不同形式的餐饮空间类型，设计师应充分考虑不同餐饮类型所对应的餐饮空间，餐饮空间内部划分为个人、聚集等不同用餐区域，区与区之间虽相对独立但不是完全分隔，以满足用餐的需要。

（2）平面规划交流

现代餐饮空间设计创新思考过程中，相对于扁平化的餐饮功能各种信息相互作用和交流的规划设计是餐饮空间设计的核心主题。如何将餐饮空间设计为一个文化交流的空间场所，规划设计不同区域之间的界线和不同的功能空间，创造一个便于信息交流的开放环境至关重要。应满足顾客对高透明度餐饮空间需要的同时也为顾客提供不同层次的私密空间，有效地促进顾客和员工彼此的空间活动进展，把整个餐饮空间联系在一起，使用餐空间、接待区、交流区及辅助空间融为一体。

（3）辅助空间交流

现代餐饮空间以用餐功能为主要特征，非正式交流空间呈现出餐饮空间设计新的特点，顾客的交流过程、交流空间及交流形式也更加多样化趋势。非正式交流空间设计的重点在于餐饮附属空间的设计，包括交通区域、休闲区域、不同餐饮区间的分隔区域等，在传统餐饮空间设计中被忽视和弱化的部分正在逐步引起人们的重视。餐饮交通结构的规划、休闲区域的布局位置以及公共区的开放程度都对非正式交流起到关键作用。

2.1.2　餐饮空间的社会化属性

现代餐饮空间设计中，由于其社会化属性越来越加凸显，由此产生的缩微社区概念造就了更多极具创造性及协作性的餐饮空间设计风格。形成了许多类似真实生活场景的区域用餐空间，其用意是创造一种空间化的社会化交流环境，"激活"餐饮空间工作活动的社会属性，提高顾客的餐饮体验感。

（1）"邻里空间"概念

邻里空间的设计营造是邻里场景构建中重要的物质载体，"邻里空间"与餐饮空间设计具有极强的关联性。从社会维度这一方面探讨了餐饮空间设计中"邻里空间"设计理论对餐饮空间的实际功能需求、餐饮行为特征以及餐饮文化归属感进行了研究，指出维系餐饮空间设计交流与情感的连接，是满足餐饮空间设计人文精神需求最直接、有效的方式，满足餐饮空间必须具备多样性、多用途的社会化属性特征。

（2）"城市规划"思想

一种社区的感觉。这一思路在餐饮空间设计中同样能应用于其整体规划上，餐饮空间内部设计规划不同的餐饮区、接待区、休闲场所通过"主街"相联系，构成了整座餐饮区的主要城市特征。用其特有的空间概念方式来鼓励顾客在此工作聚会、交流、休憩等，在虚拟空间的工作场所中嵌入真实城市环境的要素，这种理念反映了都市环境中真实的邻里观念。

2.1.3　餐饮空间的流动性特征

餐饮空间的流动性趋势在一定程度上代表了未来餐饮空间的主要发展方向。人工智能的高速发展及网络信息化远程餐饮可以说是现代餐饮模式发展的一个重要特征，意味着餐饮环境和空间的形式变得越来越灵活及广阔，其维度将会更加的丰富，层次更加多样。这种趋势本质上是打破传统餐饮空间设计的构架体系，垂直的设计结构将向平面化的分散式结构转变，集中式餐饮空

间将向一系列不同大小的等级式节点空间转化，每个节点空间的基本功能包括餐饮、社交、会议等，整个餐饮过程在一系列节点空间中完成，覆盖的区域将会扩大。

2.2　餐饮空间设计的创意思维

餐饮空间设计的创意思维活动可以分为通过逻辑思维和非逻辑思维来进行空间设计，并以此作为最基本的思维创新设计。仅依靠直觉思维难免会顾此失彼、漏洞百出，很难设计一个优秀的设计作品。我们提倡学习和实践科学、专业的餐饮空间设计方法，将逻辑思维与非逻辑思维素材文件相互结合，建立专业、系统的设计观，将设计基础理论和专业技能有效地运用到设计实践中去，不断地学习最新的设计思想和理念，形成自己专业系统的设计思维方法，使设计过程更加合理。

2.2.1　逻辑性创意思维

在对各种思维类型的研究中，人们对逻辑思维的研究是最早、最成熟的。逻辑思维（见图4-1）是人类实践经验的结晶，是人们在长期的实践活动的基础上逐渐形成的，是体现人类思维能力和思维水平的重要标志。人类对逻辑思维的研究历史久远，建立了成熟、完备的逻辑体系。逻辑思维在近现代科学技术的形成和发展过程中起到了重要作用，因而备受推崇，被视为解决问题的重要途径。

餐饮空间设计创作的基础就是以逻辑思维为特征的理性思考。设计师需要认真、理性地思考和分析餐饮空间环境的主客观因素，如功能、环境、物质技术条件及文化背景等，脱离固化的设计概念思维的束缚，进入具有创意思维过程的设计创造的过程。强调餐饮空间设计创作的合理性，既是为了求得方案扎实、合理，同时也是为了在意象生成过程中能够找到更有特色、更有深度的触发点。

82

图4-1　逻辑性创意思维

（1）普通逻辑思维

普通逻辑思维是人类基本的思维形式，是逻辑思维发展的初级阶段。它的发展为其他逻辑思维的发展提供了一定的基础和条件。人类经过漫长的社会实践，在认识过程中，逐渐形成了对于事物概括、判断和推理的能力，形成了一些固定化的推理规则，把这些推理规则从具体的思维过程中抽象出来并加以形式化，就形成了最早的逻辑学，就是普通逻辑。普通逻辑研究人类在总结经验时所产生的思维活动必须遵守的规律和准则，主要用的工具是自然语言。

逻辑思维与非逻辑思维是餐饮空间设计创作的基础。设计师对空间功能、餐饮环境、材料技术工艺、餐饮文化背景等进行理性的分析，以满足物质和精神功能的需要及探求塑造理性形象。现在我们常常可以看到一些缺乏逻辑思维与非逻辑思维理性的餐饮空间设计作品，这类作品缺乏逻辑，经不起推敲，不能算是真正意义上的餐饮空间设计。

案例：

等外组空间设计团队在杭州龙坞山林间发现了一座被遗弃的徽派建筑，建筑特有的月梁和斗拱令人着迷。古宅建于清朝，房屋的主人不可考证，猜测是徽州的游子，建筑寄托思乡之情。本项目会将老建筑改造成一个下午茶与餐饮的会所。希望以"忘年交"的方式与老建筑相处，把当代之美与古建筑融合起来。

Loop Chair环形椅摆放在入口的最前端，表明"忘年交"的态度。天井内，独立设计的吊灯悬挂在屋檐下，它具有未来复古主义气质。懒人沙发完全与传统剥离开。年轻人坐在懒人沙发，喝着咖啡，听着鸟叫。建筑苍老的木头质感，毫不掩饰地展示在年轻人的面前（见图4-2）。这样的设计意在唤醒当代人对于老建筑陈旧肌理的知觉，让越来越多的年轻人喜欢传统物品。

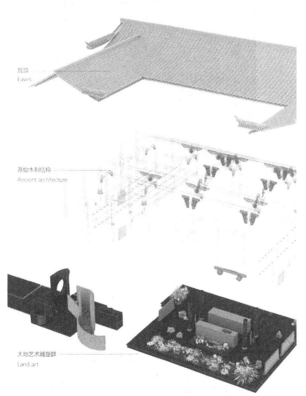

图4-2　杭州·龙坞老建筑改造私人会所设计

（2）形式化逻辑思维

普通逻辑思维是一种大众化的逻辑思维，只适用于人们的日常社会生活和工作中，不能解决遇到的所有问题与困难，特别是餐饮空间设计就需要有更加严密、精确的逻辑思维来为设计服务。于是符号化与形式化程度更高的新逻辑思维形式——形式化逻辑思维应运而生。形式化逻辑思维最大的特点是使用形式语言。这是一种高度抽象的、得到严格定义的符号语言，例如根据餐饮空间周边的环境、气候、采光照度及餐饮功能特性等个性特征布局其餐饮空间设计。

案例：

中绘社设计事务所的本案设计基于隈研吾对建筑空间的理解，从来不拘泥于建筑本身，而是站在历史的角度去重塑建筑与人的关系，仿佛一切空间都具有生命。他们认为，如果从建筑来讲，那就是要享受凌乱的感觉，从凌乱之中感受美；而且，在建筑中使用的材料也会随着时间的流逝而产生变化，变得越来越脏，这些变化是非常有趣的现象。隈研吾有自己理解建筑的方式，他从不局限于建筑本身，而是从历史的角度理解它，重建建筑与人类之间的关系，仿佛所有空间都是活的。之所以将其命名为"广西文化现代博物馆"（见图4-3），也是设计的核心，意在一起创造全新的饮食体验文化。在用餐的同时，也能看到、感受、学习这种有趣的文化，这是设计的使命和责任，也是设计的价值所在。

84

图4-3 桂小厨·广西壮族文化体验馆

（3）辩证逻辑思维

德国哲学家格奥尔奥·威廉·弗里德里希·黑格尔（Georg Wilhelm Friedrich Hegel）是第一个全面、系统地研究和论述了辩证逻辑思想的人。黑格尔从唯心主义角度揭示了世界的逻辑发展，他在批判了孤立、静止、片面看问题的思维方法的基础上，提出了一系列辩证逻辑思维的形式、方法和规律，阐述了系统的辩证法思想。辩证逻辑是在形式逻辑的基础上，运用逻辑的方法描述了世界的辩证性质，揭示了事物运动发展的一般规律。

案例：

零售＋餐厅的融合设计打造出了一个潮酷的超级游戏乐园。WAT在长沙的门店，将结合零售和酒吧的业态，选址位于天心区的解放西路，是长沙最热闹繁华的商业区，是一个超级游戏乐园，酒精加游戏，营造一种受欢迎的吸引人的氛围，创造一个差异化鲜明的空间形式。

小方瓶是WAT的经典产品，灵感来源于香水包装，使用6 000个小方瓶被回收再利用，使一块块晶莹剔透的玻璃砖组成一个通亮的立面，充满变化的组合贯穿于空间。沉浸在柔和的光晕中显得未来感十足，让人不禁产生想要了解探索的欲望（见图4-4，4-5）。品牌基于好吃、好看、好玩、好分享的调性，保留了对城市文化的尊重，在极致拼贴的城市符号中注入WAT的品牌基因，让大众识别更加简单，易于辨认和传播，也拓展了未来应用的可能性。

图4-4　零售＋餐厅的融合设计1

图4-5　零售＋餐厅的融合设计2

85

2.2.2　非逻辑性创意思维

餐饮空间设计同其他艺术设计一样需要灵感。因此有人把非逻辑思维当作灵感，有人把非逻辑思维看作直觉，有人把非逻辑思维当成神秘的第六感，还有人把非逻辑思维看作假设、猜想、顿悟、横向思维等。由此看出，人们把一切不符合逻辑思维规律和规则的思维现象都当作非逻辑思维。

（1）联想

联想思维，就是由一个信息A变到与之有共同部分的B，再由B变到与B有共同部分的过程。由一个事物想到另一事物的心理过程，其实质是一种简单的、最基本的想象。联想在餐饮空间设计创新过程中起到引爆大脑，产生丰富创意思维风暴的导火索的作用，许多餐饮空间设计的新观

念和创意常常会由于不断地联想产生。事实上，任何制造发明都离不开联想。

（2）接近联想

是指在时空上比较接近的事物容易在人们的经验中形成联系，只要其中一个事物出现，就会引起人们对另一事物的联想。

案例：

新加坡皮克林宾乐雅酒店设计：借鉴天然岩层，由来自WOHA国际一流的设计师操刀。这座"花园酒店"拥有面积约1.5万平方米、楼高四层的繁茂园林、瀑布和花墙（见图4-6）。除了多种姿态各异的植物群将酒店院落装点得格外美丽，皮克林宾乐雅是新加坡首家使用太阳能电池供电的零耗能酒店，更采用综合性节能节水措施，例如使用光线、雨水和动作感应器，以及集雨和NEWater（循环系再用水）。从设计到装潢，不难发现多以天然素材如黑木材、石砾、玻璃等搭配为设计概念，并用上以外透射的日光营造大自然的和谐感。

图4-6　接近联想思维——新加坡皮克林宾乐雅酒店

（3）相似联想

相似联想指由一事物的触发而引起与该事物在形态上或性质上相似的另一事物的联想，可分为形似联想和神似联想。形似联想是由于事物外形上的相似产生的联想，神似联想是由于事物在精神、品性、气质、情调等方面相似产生的联想。

案例：

云帆未来体验馆 | DIA丹健国际项目，正如计算机的世界由0和1构建，本设计让空间回归原始的几何线、面和体块，用简单的规则把人们心中那幅明确存在却又尚待建构的图景描绘出来（见图4-7）。其时空倒转设计的灵感来源于克里斯托弗·诺兰（Christopher Nolan）导演的电影《盗梦空间》。影片剧情游走于梦境与现实之间，甚至偏离物理学的规律，在室内利用实际的体块和多媒体手段结合，创造出时空倒转的科幻感觉引领观众对未来生活的体验。

图4-7 云帆未来体验馆丨DIA丹健国际项目

（4）反相联想

就是将性质完全不同的、相反的事物连接在一起的联想，使人们试图说明的道理更加深刻，也使人们肯定或者否定的态度更加鲜明。

案例：

87

基于对死亡、自我、责任、遗忘的探索，青岛理工大学建筑学专业陈京锴、尹培琳、王琪、耿雪川（指导老师），以"召回祭祖传统"为设计出发点，由"日光"穿针引线，讲述了一个日光与情感交织的空间故事——故亲如光，表达对未来城市中的祭祀空间的思考与愿景（见图4-8）。

故亲如光作品荣获2018 IVA（International VELUX Award）国际威卢克斯建筑学生设计大赛光与建筑（Daylight in Buildings）奖项亚洲与澳洲赛区冠军。

图4-8 一个祭祀空间的故事

（5）关系联想

关系联想指由事物的多种关系而建立起来的联想。由部分与整体关系、种属关系、因果关系等形成的联想均属关系联想。人们有意识地在事物之间建立多种相互关系，从而形成各种联想，联想越丰富，回忆起来越容易。

案例：

大同作设计的本案FAN迷离酒吧项目位于长沙。入口过道地面是一个动态的呈现，墙体采用雾面不锈钢，营造出虚幻迷离的视觉感观。空间上运用大量模糊反射的装饰材料呈现波光粼粼的效果，再结合霓虹灯染色，呈现出一个灯红酒绿的视觉效果。商务卡座区采用蘑菇石和不锈钢等材料，结合洗墙灯和灯带，呈现出丰富的结构感。桌球娱乐区采用红色作跳跃颜色，吊灯采用动物图案，点亮桌球区的视觉效果（见图4-9）。

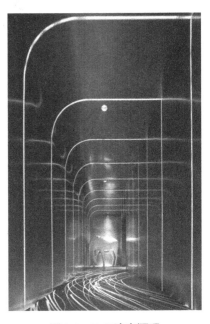

图4-9　FAN迷离酒吧

（6）启发联想

启发联想是指把看起来毫不相关的事物强制地糅合在一起而形成的联想，有时可能会产生意想不到的创意。

案例：

美国著名诗人加里·斯奈德（Gary Snyder）曾在他的散文集《禅定荒野》中写过一句话：鲸落海底，哺暗界众生十五年。实际上，一头鲸在死后落入深海，可以为海洋生物提供一个长达百年的完整生态系统。由此可见，万物共生共存，自有其运行不紊的生存法则。

在城市化飞速发展的大背景之下，自然生态的平衡却越来越难以为继，这也让我们开始对现代生活方式进行深刻的反思，"钢筋水泥"的大环境需要革新观念的设计，需要找到一个与自然、与城市、与场地对话的端口，重建一个"共生共存"的全新场域。

纳沃设计（深圳中心）的一次空间与自然万物的对话，将金科·琼华未来项目引入"万物生"主题，以蜿蜒曲折的邕江水系与鳞次栉比的百里梯田作为空间营造灵感来源，主张在发展中寻求回归生态自然，以现代绿色理念引导未来，打造富有生命力与蓬勃气息的销售中心（见图4-10）。

图4-10　金科·琼华未来销售中心

（7）离奇联想

离奇联想是指人们从某些奇特的、不合情理的思路上突发产生的一种具有创意的联想。

案例：

MAD设计的深圳湾文化公园将位于商业区和滨水区之间的场地上，大部分位于地下，因此可以覆盖一个大型公园。MAD创始人马岩松说："在现代城市的活力和自然的宁静永恒之间建造一个文化地标时，它应该被想象成一个自由的公民空间——首先是一个大地艺术公园，其功能与其美学相辅相成。"建筑工作室MAD公布了其对深圳湾文化公园博物馆综合体的设计，该建筑群的顶部将有两个展馆，看起来像一组大石头。每个博物馆的顶部都会有一个亭子，看起来像一群"光滑的纪念性石头"坐在绿色公园里，给人意想不到的观看体验（见图4-11）。

图4-11　深圳湾文化公园

89

（8）想象

知识是有限的，而想象力是无限的。想象是对已有表象进行加工、改造、重新组合形成新形象的心理过程。在餐饮空间设计实践过程中客观理性地反映事物，将感知到的信息贮存并将其加工成感性形象，即表象。想象以表象为基本材料，但不是表象的简单再现。在想象过程中，表象得到积极的再加工、再组合、再设计后，融合到餐饮空间设计之中，成为新空间形象最有活性的有机组成部分（见图4-12）。

图4-12　想象

（9）直觉

直觉思维的特点在于不受一般思维规律的束缚，跳跃性强，直观地揭示事物的本质特征，具有非逻辑性、直接性、突发性、跳跃性的特点，往往给传统体系带来重大的突破。

案例：

AIM建筑设计的本案哈美空间位于中国香港特别行政区，面积为141平方米。想象一下：一条熙熙攘攘、蜿蜒、狭窄的香港街道，挤满了商店、餐馆和小吃摊。百叶窗门打开和关闭每个店面；在里面，货架上摆满了包装和产品。你几乎没有注意到它。但是，再看一眼——穿孔钢立面，LED照明，井井有条，几乎是朴素的意外内饰。在这个时代，消费者想要便利，但渴望体验。品牌在尝试现代消费动态下面临着真正挑战。在线化妆品零售商HARMAY于2017年在上海设计了第一家实体店，进入了实体零售世界的领域。通过这个新开业的香港分店，进一步探索了品牌的线上/线下双重性。受老派化学家的启发，这家香港药剂师与现代精品店相遇，让游客感受到购物体验的意想不到的提升以及数字时代便利的回调和舒适。这种创新和大胆的零售方式为探索和发现隐藏的宝藏构思了一个空间。微妙的标牌引导客人打开抽屉去看里面的产品。HARMAY的香港新空间是一个优雅的对比，专为好奇和参与的消费者以及期待惊喜的路人而设计（见图4-13）。

图4-13　HARMAY的香港新空间

（10）灵感

灵感思维是创新思维的另一种基本形式，是人们在创新过程中达到高潮阶段以后出现的一种最富有创新的思维突破。灵感思维常常以闪念的形式出现，并往往使人们的创新活动达到一个质的转折点。灵感的产生并非是偶然，而是由人们的潜意识思维与显现意识思维多次叠加而形成的，是人们进行长期创新思维活动后达到的一个必然阶段，很多创新成果都是经过长期运用灵感思维后获得的。

91

案例：

印度新德里的莲花寺是一座外形非常漂亮的寺院，它的灵感就来源于莲花（见图4-14）。在佛教中，莲花本身就具有非常美好的寓意，莲花有"出污泥而不染"的特性，虽然莲花自污泥中生长，但它却能在水面上开出洁净美丽的花朵。对于佛教而言，弟子们追求的境界，也是希望自己在这个浑浊的世界中，不被尘世污染，保持身心洁净，最终能够顺利往生。

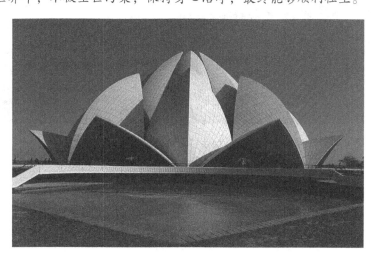

图4-14　灵感思维——印度新德里的莲花寺

2.3 餐饮空间设计的创意方法

餐饮空间设计创意思维在实际的运用中，可根据侧重点的不同，分为若干设计概念的创意方法。

2.3.1 组合法

组合法是餐饮空间设计思维很重要的创新方法。所谓创新，就是打破常规，把人们认为不能组合在一起的东西组合到一起。组合是具有综合性、多样性、趣味性的，将不同的功能或目的、不同的组织或系统、不同的机构或结构、不同的物品、不同的材料、不同的技术或原理、不同的方法或步骤、不同的颜色或形状、不同的状态、不同领域和性能进行组合；两种事物可以进行组合，多种事物也可以进行组合。

（1）主体添加法

主体添加法是以餐饮空间设计某事物为主体，再添加另一附属事物以实现组合创新目的的方法。在餐饮空间设计创作中，设计师往往将餐饮空间设计形象视觉活跃元素作为空间形象的关键部位，并将其添加到空间主体之上，起到画龙点睛的效果。

案例：

普利策基金会美术馆，由两个平行的长方体组成，均为7.3米宽，其中一个比另一个高3米多。在两者中间是一个水波荡漾的水庭，水庭为混凝土的主建筑增添了柔的元素，使主建筑不再单一、冰冷（见图4-15）。

图4-15 主体添加法——普利策基金会美术馆

（2）同类组合

同类组合是指由两个或两个以上相同或近于相同事物的简单叠合。

（3）重组组合法

重组组合法是有目的地改变餐饮空间设计事物内部结构要素的次序，并按新的空间方式进行重新组合，促使其餐饮空间性质或功能变革的技法。多数设计师会将空间结构、设备的部分遮起来。

案例：

隈研吾建筑都市设计事务所"树巢"多功能公共性建筑（见图4-16），该项目是一座多功能公共性建筑，由儿童关怀中心及商业空间构成，商业空间内包含生鲜食品市场及餐厅。

图4-16　同类组合——隈研吾建筑都市设计事务所"树巢"

2.3.2　比较法

比较法是餐饮空间设计基本思维方法之一，是确定对象之间差异和共同点的逻辑方法。人们可以通过比较法在表面差异极大的事物之间找出它们在本质上的共同点，在表面极为相似的事物之间找出它们在本质上的差异。

（1）求同法

求同法是指对两个以上的不同事物，从错综复杂的各种因素中，排除不相干的因素，找出共同因素的思维方法。

案例：

纽约古根海姆博物馆美术馆的陈列品沿着坡道的墙壁悬挂着，观众边走边欣赏，不知不觉之中就走完了六层高的坡道，看完了展品，这显然比那种常规的一间套一间的展览室要有趣和轻松得多（见图4-17）。该博物馆保存了所罗门·R.古根海姆（Solomon R. Guggenheim）所有现代艺术收藏品，许多展品由金属杆悬挂着，看起来似浮在空中。按照传统，博物馆在沿大厅四周的墙上展览艺术作品，但古根海姆打破了传统的惯例。

图4-17 求同法——纽约古根海姆博物馆美术馆

（2）求异法

求异法就是追求差异的方法。

案例：

94

北京雁栖湖日出东方酒店。从建筑的外观上看，创新的设计让人叹为观止，这是因为建筑外部形状虽然在酒店方看来像是一个从湖面上冉冉升起的太阳一般耀眼，但是很多第一次见到这个建筑的游客觉得它像扇贝，甚至是有的人觉得它更像是蜗牛的，可见，在这处建筑发展上说，它的建筑形态也堪称另类（见图4-18）。

图4-18 求异法——北京雁栖湖日出东方酒店

2.3.3 类比法

类比法不仅针对现象上的类似性，还可以指比例关系和作用关系方面的类似性甚至是其他一切属性上的类似性。

（1）拟人类比

人经常把自身当作创新的理想楷模，拟人类比是指把事物人格化处理，将人的感情、动作融入建筑中，让建筑具备人的美感。

案例：

加拿大米西索加的大厦"绝对世界塔"外观酷似好莱坞女星玛丽莲·梦露（Marilyn Monroe）的沙漏型身材，并因此被称为"玛丽莲·梦露"塔（见图4-19），荣获2012年全球最佳摩天大楼奖。

图4-19　类比法——加拿大米西索加大厦

（2）象征类比

象征通常是指用具体事物或直接表象表示某种概念、思想情感或意义。

案例：

天坛建筑中有多处建筑反映出"天圆地方"的象征寓意，象征古人"天人合一"的观念和朴素的宇宙观。天坛内，圜丘坛、皇穹宇、祈年殿等建筑都是圆形建筑，象征天。圜丘坛的外面有两道土墙，第一重为方形，第二重为圆形，象征"天圆地方"。皇穹宇周围的围墙呈圆形，表示天象。祈年殿为三重圆形攒尖顶，象征帝王祭祀时与天对话（见图4-20）。

图4-20　象征类比——北京天坛

2.3.4　臻美法

臻美法是以达到美的境地为中心的创新思维方法。现代餐饮空间设计应当充分考虑到人们对美的追求，并且适应社会对美的观念的变化和发展。

（1）对称与均衡

对称是指图形或物体相对于某个点、线或面在形状、大小或排列上具有一一对应的关系。均衡是不对称形态，是一种等量不等形的平衡。对称与均衡是取得良好的视觉平衡的两种方式（见图4-21）。对称能给人以庄重、严肃、规整、有条理、大方、稳定等美感，富有静态之美。但如果只有对称，人在心理上也会产生单调、呆板的感受。均衡来源于力的平衡原理，具有"动中有静、静中有动"的秩序，体现出活泼、生动的条理美，是一种轻巧、生动、富有变化、富有情趣的设计手法，可以克服对称的单调、呆板等缺陷。

图4-21　对称与均衡——河南嵩山少林寺

（2）对比与调和

对比是对两个并列在一起的元素进行比较，可以形成对比的元素有很多。诸如曲直、黑白、动静、浓淡、轻重、远近、冷暖等，但是过分对比会产生刺眼、杂乱等效果。而调和是对造型中的各种对比因素所做的协调处理，使造型中的对比因素互相接近或有中间的逐步过渡，从而能给人以协调、柔和的美感（见图4-22）。

图4-22　对比与调和

（3）节奏与韵律

节奏是指有秩序、有规律的连续变化和运动。节奏性越强的事物，越具有条理美、秩序美。韵律是指在节奏的基础上，更深层次的内容和形式所具有的抑扬有度的、有规律的变化与统一。节奏强调的是变化的规律性，韵律强调的是变化，节奏的变化产生韵律、韵律的变化产生情调。通常表现生机勃勃的力量或寓意发展、前进、上升、跃进等生命的态势和律动美。

图4-23　节奏与韵律——北京天宁寺

97

案例：

北京天宁寺，位于北京市西城区。寺中有北京最高的密檐式砖塔，为辽代时所建（见图4-23）。建筑学家梁思成曾经盛赞天宁寺塔的建筑设计，称它"富有音乐的韵律，是中国古代建筑设计中的杰作"。

（4）变化与统一

变化与统一是总体上的美的形式，或是在统一中求变化，或是在变化中求统一，总是给人以整体美的感受（见图4-24）。

图4-24　变化与统———盖贝依城堡

3. 方案设计

3.1　餐饮空间设计的概念方案设计

3.1.1　概念方案设计说明

"概念设计"是一种以形象进行设计描述，设计构想不拘泥于具体事物的设计形式。它企图凭借新观念和新构想，进行一种理想化的设计描述，以求在其中诞生新的设计类型。

调查结果发现，要塑造一个真正令人满意、高舒适度和高性价比的用餐环境，要考虑的方面非常多。在思考餐饮空间设计和它对人们的影响时，必须注意，这不仅仅是基于美学进步或成本的考量，它同时也令人们改善生活质量、高效创新，并强化餐饮空间的构建。

概念设计对设计师而言，是对餐饮空间设计最初的理解和诠释，也是最客观的认知和主观的设计思维活动的概念化总结。概念设计不是虚无没有根基的创新臆想和盲目的空间构建改造，其核心是设计师通过专业的设计方式及创新设计思维活动服务于餐饮空间设计功能及优化空间环境以及人们良好的工作心理，是一种表达概念的媒介。

（1）餐饮空间的概念设计

近几十年来，概念设计被广泛地应用于设计的各个领域，随着设计领域的大众化趋势，概念设计也被应用到餐饮空间中，其实质就是设计师从餐饮功能的性质、餐饮文化需求中提炼、概括出概念或思想，再用视觉语言把设计师自身对餐饮特征本质属性的认识表达出来。它在本质上是对餐饮文化形态思想层面的设计。从某种意义上说，餐饮空间概念设计以餐饮人群的需求为研究对象，提供的是创意，从感性思维总结出设计理念和设计思想，然后应用到现实空间中，作出大胆的尝试，具有前瞻性，为餐饮空间设计正确、深入地开展指引前进的方向。

（2）餐饮空间概念设计的必然性

餐饮空间是当今社会不可或缺的社会性空间存在形式。只要人类还需要用餐，就离不开餐饮空间，它就不会消失。随着人类社会的交流方式不断改变，对自身用餐环境的要求也在不断提升。事实上，主流餐饮空间形式正朝着综合化、灵活化、智能化方向发展，这就要求餐饮空间设计遵循人性化、绿色化、个性化的特点。概念设计作为餐饮空间设计的一种设计方法，很好地兼顾了餐饮空间设计的各方需求，受到设计界的推崇并不断发展，例如以"生长·未来"为主题的树形概念（见图4-25）就可以推导出餐饮空间的设计元素和色彩。

餐饮空间设计初期要解决的首要问题，也是最关键的问题之一就是提出餐饮空间的概念设计。通过对不同餐饮空间环境、餐饮文化要素、餐饮空间建筑风格和地域特点、餐饮人群的心理和物质需求等诸多要素进行调研和分析，提出对整个设计过程和空间氛围的设计概念来进行创新思维设计。概念设计本身也随着人们的观念形态呈现多元化和更追求个性的表现。

99

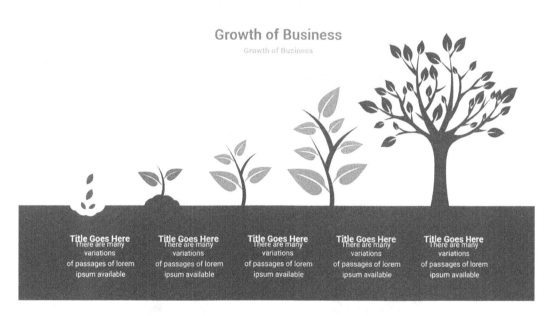

图4-25　"生长·未来"为主题的树形概念

（3）餐饮空间的概念提取方法有以下几种形式

以文化理念为核心的概念设计。餐饮空间设计本身就依附于企业文化，体现企业文化和餐饮理念，提升餐饮空间功能和个性的识别度。

以怀旧情怀为核心的概念设计。没有情感的设计不是好的设计。在快节奏的当今社会，一种

令人沉湎于怀旧情怀的餐饮空间设计，保留原始建筑空间痕迹以表达对历史情感的纪念来作为核心概念的设计要素，是怀旧情怀概念设计的本质。

案例：

彰化火车站老屋卖冰淇淋，让人们走进时光老宅吃冰茶，舒服享受静谧，感受怀旧情怀（见图4-26）。中国台湾的古老建筑何其多，刻意的选材处理，呼应着传统文化的地理位置，在公共空间与私人领域的模糊界线，就像遍布于这城市里无所不在的狭窄巷弄，描绘延伸出其独有的老旧纹理。

图4-26　彰化火车站老屋

以自然仿生为核心的概念设计。自然界是设计师寻找设计灵感的源头。通过对自然仿生元素的采集，使餐饮空间设计更加富有生命力和活力，空间形式与使用功能并存（见图4-27）。

图4-27　自然仿生概念设计

以人文交流为核心的概念设计。沟通交流被看作是餐饮过程中重要的环节，交流沟通的有效功能也是餐饮空间存在的关键。其引申出的餐饮空间设计概念将人与人之间的沟通与交流放在首要位置，有利于餐饮空间更加开放地布局，有利于营造温馨、自由、舒适的餐饮空间体验设计，玻璃、木材等通透、令人备感亲切的材料及家具更加适合这样的餐饮空间设计（见图4-28）。

图4-28　人文交流为核心概念设计

3.1.2　概念方案设计原则

餐饮空间的概念设计要遵循系统性、独特性、现实性三个基本原则。

（1）系统性

餐饮空间的概念设计也要遵循系统化设计原理。餐饮空间的概念设计的系统性是指研究与处理餐饮空间环境设计中整体与局部空间之间相互动态关系，从而有效提出问题及其解决方案。不能单独关注局部独立的空间对象，需要在整体空间中体现它与其他环境因素之间的关系。要将概念融入整个设计中，由上而下、由总而细，权衡整个装饰系统，包括空间结构、空间造型、装饰材料、照明、陈设等。

案例：

香港设计事务所Bean Buro为国际交通网络公司优步Uber打造了位于香港铜锣湾全新的餐饮室（见图4-29）。新餐饮室的设计灵感主要来自德国19世纪著名的建筑师和建筑理论家戈特弗里德·森佩尔（Gottfried Semper）有关于Vessels（载具）的文章，森佩尔描述了形体和功能作为一个有结构整体的概念，即容器的各个独立部分各自履行自己的功能，同时与其他部件相连配合以达到最后的目的和效果。

图4-29　空间系统性概念设计——优步香港铜锣湾餐饮室

（2）独特性

餐饮空间设计应该具有每个公司个体的独特的性格属性，其概念设计要有独特的见解与个性体现，不同的空间环境具有各自的企业文化特征，从而产生不同的餐饮空间功能需求，餐饮空间的概念设计的切入点也就随之有所不同。在餐饮空间设计中只有敢于尝试不同的空间形态、照明方式和餐饮空间设计功能分类等，才会让餐饮空间设计得充满活力并且具有探索精神和研究意义。

独一无二的成功概念设计，是每一个设计师的追求目标。每一个餐饮空间设计都充满了设计师的审美设计个性及内涵，充满了设计师的创造和构思，原创概念越优秀，就越具有自身的内涵与气质。

案例：

Acne工作室在前捷克斯洛伐克大使馆开设了新总部Floragatan 13，项目由该品牌的创意总监和内部设计团队与 Johannes Norlander Arkitektur 合作构思，旨在表现20世纪70年代野蛮主义建筑的经典范例与"时尚学校"氛围相结合，最终成为品牌身份的象征（见图4-30）。

图4-30　空间独特性概念设计

（3）现实性

餐饮空间的概念设计应具有高度的概括性和现实性。餐饮企业最突出的内在需求就是餐饮空间设计的核心目标，综合分析餐饮性质、餐饮文化、餐饮需求等方面是餐饮空间的概念设计之前需要关注的重点。对内餐饮、交流和对外接待区域进行合理取舍，最终使概念设计本身能够最优地服务餐饮功能。

餐饮空间的设计对象是在特定空间中的顾客、服务人员。虽然概念设计是一种体现餐饮理念和人文观念的创新性设计活动，具有探索未来设计趋势的意义，但它是基于现实性的物质条件而提出的一种设计方式。不提倡只注重思想层面而忽视技术层面，而应该以科学的态度对待概念设计，通过严谨的调查、分析、总结、试验等得出的设计概念，不仅要考虑用户的切身感受，还要体现社会发展水平以及人的思想意识、生活方式和科学研究水平，是对餐饮空间设计的反思和诠释，以适应创新设计、绿色设计、技术成就设计的新时期餐饮空间的概念设计发展趋势。

3.2　总平面布局核心要素

餐饮空间设计平面布局是设计开始的第一步，也是最重要的一步。餐饮空间设计通常是在建筑设计之后进行布局的，所能改动的空间结构是相对有限的。相比于建筑的空间，室内的空间构建改造范围相对较为狭小，对于各个餐饮空间中家具陈设等软装设计的摆放对营造空间区域的划分及运用需要更精确、合理、人性化。因此，空间结构与人体工程影响的尺度关系至关重要，它决定了餐饮空间平面布局设计的走向。

3.2.1 建筑空间结构关系

层高、开间、进深作为建筑的空间结构的三个主要方面。在处理设计层高问题时，设计师需要通过对吊顶的设计处理，利用建筑架构高差的大小进行有效设计以达到不同的功能及视觉效果，因此，空间层高的处理，关系整个空间的层次变化，顶面的部分要和地面、墙面相呼应，成为一个整体。而空间的开间与进深联系更加密切。处理好之间的比例、节奏、面积分配、色彩关系、人机尺度等，则空间显得通透、宽敞、舒适；反之会导致整个空间结构的失衡。

3.2.2 人体工学尺度关系

餐饮空间设计中人体工程学的尺度关系非常重要。餐饮空间设计的尺度要符合人的空间及家具使用标准。如何使餐饮空间设计更加符合使用者的需求，满足使用功能，可以通过对餐饮空间设计的人机工学的分析来得到理想的答案。无论是从餐饮空间设计的使用环境的分析，还是针对使用对象的功能分析，都会因为使用对象不同，使操作的尺寸、用力大小、对色彩的喜好等不一样。在人机分析时，要根据使用者的生理状态和工作时的状态确定任务分析，通过对年龄、性别、地区、种族、职业、生活习惯、受教育程度等原因形成的动作习惯，可以明确人机系统是否合理，人机分工是否恰当，是否体现了人本主义思想。

3.2.3 形式与功能的关系

餐饮空间设计要求先功能、后形式，形式追随功能，使功能和形式达成完美契合是餐饮空间设计的设计目的。平面布局是根据不同的项目和业主要求开展的形式多元化的设计活动，不同的风格所呈现出的空间形式是不同的，相同风格所表现出的空间重点也是不一样的。由于建筑空间构成本身就具有局限性，餐饮空间的大小不可能满足所有实际需求和设计要求，因此改变现有墙体的结构是最普遍，也是最有效的做法。当有些空间墙体不可以拆除、不能被改变的时候，设计师可以通过颜色、镜面材质、软装等方式来进行处理。

3.3 总平面布局功能内容

功能区域的布局，需要结合项目定位考虑平面功能的合理性、经济性，按照不同餐饮建筑类型及规范要求，合理分配各个部分面积比例。餐饮空间设计平面布局分为公共区域、用餐区域、厨房区域、辅助区域等，各分区间应功能明确，联系便捷，避免相互干扰，用餐人流、食品流线、工作人员流线应科学合理地组织。辅助区域应该根据其功能性质安排在合适的位置。在平面功能区域布局时，设计师除了要给每个区域保留足够的空间外，还要考虑其位置的合理性和通风、景观条件、消防安全等因素，平面布局图如图4-31，4-32所示。

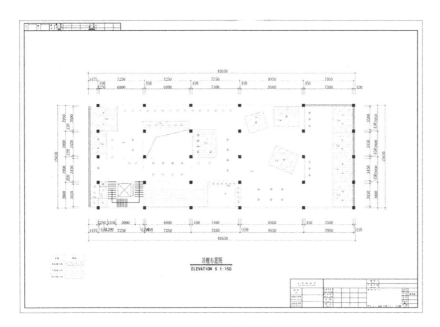

图4-31　平面布局图1

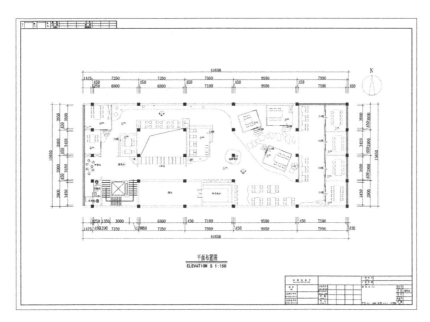

图4-32　平面布局图（天花布置）2

3.3.1　公共区域

基础功能区：门面和出入功能区包括外立面、招牌广告、出入口大门、通道等。

餐厅接待区和顾客候餐功能区：主要是迎接顾客到来和供客人等候、休息、候餐的区域。

公共区域处于整个餐饮空间中首当其冲的位置，非常需要重点设计、个性化设计，给来访用餐的顾客留下好的第一印象。常常出现的情况为门厅设计所占有的平均面积费用相对较高，且设计师须精心设计规划。在门厅范围内，可根据需要设计配套的前台接待、等待休息区等功能空间，通常在10平方米到100平方米之间，可以将接待区设计具备宣传、展示的功能，在条件允许的情况下，讲究外观的门厅还可以布置一定面积的园林、绿化带和装饰品陈列区。

3.3.2 用餐区域

用餐区域是餐饮空间的主要重点功能设计区域，也是设计面积分配最大的区域（见图4-33）。设计师可根据项目需要和用餐人数，参考建筑结构设定餐饮面积和功能区域位置。用餐区域的功能主要以餐饮为主，兼顾等候、休息及与员工沟通等辅助功能。设计时要关注不同用餐功能的性质和要求，有效区分对内用餐和对外沟通的空间分割及区域功能划分，还要充分考虑到动、静区域的合理性。

106

图4-33 用餐区域

3.3.3 厨房区域

厨房区域指处理或短时间存放直接入口食品的专用操作间（见图4-34），包括凉菜间、冷拼间、裱花间、备餐专间、洗消间、集体用餐分装专用的卫生空间及食用专梯等。应为独立隔间，专间内应设有专用工具清洗消毒设施和空气消毒设施，专间内温度应不高于25℃，宜设有独立的空调设施。大型餐馆和食堂的专门入口处应设置有洗手、消毒、更衣设施的通过式预进间，设有专业级的通风排气、地面排水系统。

图4-34　厨房区域

3.3.4　辅助区域

辅助区域是指配套功能区，一般是指餐厅服务配套设备，也是餐饮空间主要功能区。主要是为顾客提供用餐服务和经营管理的功能。根据实际项目情况也包含公共活动区及休闲餐饮区。公共空间也是指除用餐和休息以外的空间，主要功能是提供餐饮相关信息、交流活动。比如酒吧餐厅，在设计上一般会强调其公共区域的属性。随着人们生活水平的提高，现在很多人会选择周末和节假日出门就餐，所以休闲餐饮空间也会成为一种新的消费形态。

3.4　总平面布局表现形式

3.4.1　直线型

由于大量的建筑构造具有横平竖直的特点，使得直线型的平面布局形式更容易被大众接受。从价格预算上来讲，直线型平面布局塑造出来的空间形态比其他较为复杂的空间形态在造价方面更有优势，因此，直线型的平面布局形式是各种类型的空间形态中最常用的餐饮空间设计平面布局形式。在建筑、造型、造价等因素的限制下，直线型的空间形态所构成的"方盒子"一直以来都是所有空间布局形式中最常用的（见图4-35，4-36，4-37）。

图4-35　直线型1　　　　　图4-36　直线型2　　　　　图4-37　直线型3

107

直线型的布局形式在餐饮空间设计中应用较多，是所有布局形式中最为简单的一项，更容易被设计者把握并且可以大大提高空间利用率。直线型布局对于创意空间具有很强的适应性，能够更加合理地表达设计想法及空间设计魅力。直线型布局塑造出来的空间形态具有方向感和稳定感，可以给使用者带来稳重、安定、明确、统一的心理感受，营造出一个自然、舒适的心态来进行餐饮、交往等创造性活动餐饮空间。

3.4.2 折线型

折线是塑造空间形态最重要的设计手法之一。餐饮空间的神秘，蜿蜒、灵动的形体转折变化既可以丰富空间的层次，又能够在多重维度上强调空间的韵律和构成以及更加灵活、独特的表现方式，并且折线形态具有一种蓄力、向上的空间动感，表现出更直接的突变与延伸特征，容易引起人们的心理波动与感官刺激，留下深刻而富于动感的空间感受。灵活、合理地运用折线元素来塑造空间构成形态，产生稳定、向上的心理状态的同时也可以带来一种突变、动感的心理感受。营造出更加独特、丰富、具有动感的空间效果（见图4-38）。

图4-38 折线型

3.4.3 圆弧型

以发散或者聚集为主的圆形餐饮空间设计，从视觉角度给人一种旋转、对称、饱满的视觉感受；从心理角度给人一种稳定、和谐、舒适、满足的心理感受；从空间造型角度会使空间效果更加出色、自然。圆形与其他布局形式相结合，可以使餐饮空间达到与周边衔接的作用，丰富空间层次，提高空间利用率（见图4-39，4-40）。

在现代餐饮空间设计中，传统文化中的圆满、团圆、和谐、饱满等形态与造型的运用大大地丰富了空间的文化功能和视觉审美。圆形是设计师比较难掌握的一种设计形式，应用得合适。可以产生一种凝聚、团结、和谐的氛围，极大地助力餐饮空间设计。反之，则会造成空间资源的浪费并影响空间效果的表现。

图4-39　圆弧型1　　　　　　　　　　　　　　图4-40　圆弧型2

3.4.4　曲线型

　　曲线设计形式繁多、更加柔软、多变，其中包括奔放、有速度感的抛物线，流畅、舒展的平曲线，优雅、浪漫的波浪线。曲线设计可以给人一种自然、优美的旋律感。

　　曲线可以让餐饮空间设计内涵充满自由的、节奏性的韵律的动感，同时，这也带给空间一种不稳定性，打破了人们固化的稳定的审美模式。产生空间与空间的互动性，契合了人与空间的互动关系（见图4-41，4-42）。

图4-41　曲线型1　　　　　　　　　　　　　　图4-42　曲线型2

3.5　总平面布局流线设计

　　流线设计是贯穿餐饮空间设计中的重要环节（见图4-43），流线设计得是否科学合理决定餐饮各功能空间的次序、形态及功能表达的优劣。设计须明确各种流线的特点、规律和功能要求，进行全面、深入的合理化分析研究和科学、优化的规划设计，以达到空间优美、舒适、方便、高效、更加人性化的目的，这也是设计师在餐饮空间设计时必须认真对待的问题。

图4-43 空间流线设计1

3.5.1 流线设计原则

　　餐饮空间设计中的流线设计要遵循人性化、交互性、个性化、流动性的设计原则。以人为本是餐饮空间设计的原则，设计要素包括：用餐使用需求、空间的功能划分、空间设计形式、空间人机尺度、功能区域配比等各个方面的内容，均要赋予餐饮空间人性化的性格和情感，将餐饮空间与人有机地结合在一起，加强人与空间的互动关系。在餐饮空间设计中，协作交流、工作探讨的交往活动更容易促进创意想法的产生，因此，餐饮空间设计中的共享空间占比程度非常高，表明了餐饮空间中的功能空间需要多样化，这些交互行为可以发生在开放性空间的任何地点，如休闲等候区、开放式点餐区、酒吧、咖啡、茶饮区等。有了交互空间的存在，餐饮空间才能体现其自由、共享的特点。

　　餐饮空间个性化设计中非常提倡人与人之间的互动交流。餐饮空间的设计要塑造自由、舒适、流动的空间特点，每个功能空间之间是可以相互联系、相互渗透的。遵循流动性的设计原则，通过流线把各个功能空间连接起来，营造巧妙的空间变化，为顾客间以及顾客与工作人员之间的交流提供机会，营造充满活力的餐饮氛围。以上要求在流线设计中得以实现，营造有趣味、舒适、有动感的空间性格，结合光影、色彩等艺术形式来营造舒适、丰富、个性化的空间环境，将餐饮空间与娱乐休闲空间相结合，营造一个生活化的餐饮环境，给用餐群体带来舒适、放松的餐饮氛围，产生与空间进行互动，提高使用者的空间感受，空间设计参考图4-44，4-45，4-46，4-47。

图4-44　空间流线设计2

图4-45　空间流线设计3

111

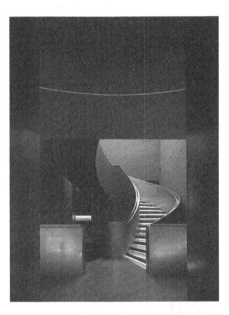
图4-46　空间流线设计4

图4-47　空间流线设计5

3.5.2　流线系统构成

流线的设计作为一个餐饮空间设计系统，决定着一个空间的平面布局及空间序列。通过对空间、流线、人员等多方面的设计因素进行考虑，选取其中最合理的平面布局形式。流线设计是否科学、是否合理决定着餐饮空间设计平面布局优劣程度。餐饮空间的流线大致分为用餐人员流线、送餐人员流线、后厨服务流线和消防疏散流线等。

（1）用餐人员流线

餐饮空间设计中的人员流线主要体现在个人用餐、聚集用餐和特殊用餐这三者在整个餐饮空间中的活动轨迹。用餐人员的活动流线一般集中在独立餐饮区域或者处于公共餐饮区域，两者之间的流线可重合或分开，主要根据每个用餐空间中对于公共餐饮区与独立餐饮区的布置来设计。用餐人员的流线规划是餐饮空间设计中的主要部分，高效、明确的流线规划可以更好地帮助用餐人员在功能空间内进行用餐活动（见图4-48，4-49，4-50）。

图4-48 用餐流线1

图4-49 用餐流线2

图4-50 用餐流线3

（2）送餐人员流线

送餐人员流线包括跑菜、留守、服务、离开的过程中所发生的行为流线。根据顾客服务需求的不同，送餐人员流线分为无明确的目的的和通过明确的指示快速抵达目的地的。设计师应注意在餐饮空间设计时要将送餐人员流线与用餐人员的流线重合区域进行有效分配，避免影响正常的工作。

（3）后厨服务流线

首先要根据菜单进行烹饪制作时所需设备进行设置，不同品类需要不同的厨房设备和餐饮空间设计。比如，如果沙拉准备区没有提供冰箱，那么员工必须经过通往电冰箱的通道去取沙拉配料，然后拿着准备好的沙拉沿通道返回到准备区；相反，如果动线设计合理，在沙拉准备区设置冰箱，厨师就可以缩短动线距离，方便快捷地取到沙拉，提高工作效率。

厨房动线规划一定要以人为本，避免迷宫似的复杂设计。无论是直线型的快餐店还是横向型的咖啡店，员工都需要以流水线的服务动线进行工作，这样有助于员工高效地完成简单的餐食准备。而对于需要后厨出餐的餐厅来说，如果厨房动线设计不良，会阻碍出餐的流畅，增加顾客等待时间，进而影响用户体验、降低翻桌率。厨房动线和流程如果在前期没有进行科学合理的设计，更会增加人力成本。

（4）消防疏散流线

消防疏散流线是餐饮空间设计时必须预留的逃生通道，指的是当空间内部发生火灾或其他险情及安全事故时内部人员的逃生疏散路线，在空间中起到不可忽视的作用。消防疏散流线是空间流线设计的重要组成部分之一，它的合理性要结合整个空间平面规划来进行，为了不影响功能空间的设计和使用，消防疏散流线的设计一般以合理和便捷为主，能在事故发生之时帮助人员能够快速抵达逃生通道。因此，消防疏散流线要尽量避免曲折与迂回；如果存在转折通道时，应在转折处标示明确的指示标志；空间中消防疏散口的数量应该根据每个空间的楼层数、空间面积的大小、平面布局的设计等因素来设置，且疏散口的处理应该采取就近原则，使得每个功能空间都有各自的逃生通道，以便及时分散人流。

餐饮空间设计案例1：

项目地点：中国，北京

业主信息：北京同仁堂健康

设计时间：2022年01月

室内设计：WUUX無象空間

项目类型：商业空间

设计主创：王永

概念·空间想象

找到公共性和情绪点彼时，古希腊乡村人口众多，除孤立的乡村神庙外，举足轻重的公共建筑大多集中在城市中心，它们象征是对神和城市的赞歌。人民穿过拱门进入城市和剧院，观看者首先要找到对应自己位置的拱门，方才能沿着楼梯抵达对应区域——公共建筑以总和的形式记载着城市和人们的生活（见图4-51，4-52，4-53）。

解题·不规则空间

大健康游园会新店场景要在一个异形空间里展开，设计师将随形体块嵌套在空间内部，打开7扇拱门（见图4-56）。两组"U"形吧台和一组"一"字形吧台构成一层最重要的三个零售场景（见图4-54）。从进入到走出空间，顾客将被引领着走完一条迂回蜿蜒充满律动的路线，三个

113

社交场景依次在拱门后打开，然后又消失在进入下一扇拱门后（见图4-55）。

场景·消费思考

同仁堂百年老字号的药柜在被灯光洗亮的金色柜台后泛出沉沉黛色，细读小字才能见百草——醋柴胡、炙黄芪、首乌藤、鹿角霜、石菖蒲……向前看，知嘛健康已经在当代消费需求下推演出极富商业价值的模式与多个消费场景，向回看，象食养医的本源与传承百年为人的品牌理念根深地下，永远为年轻的品牌面貌注入古老血液。尽管不是每个人都能在同一个空间中找到价值或产生消费，但设计始终可以引导体验。在社区，这种体验的积累将有机会成长为文化凝聚力，而"大健康生活方式"这颗种子将以空间形式植入街区和社群，滋养并鼓舞这里的人们。

图4-51 效果图

图4-52 效果图

图4-53 效果图

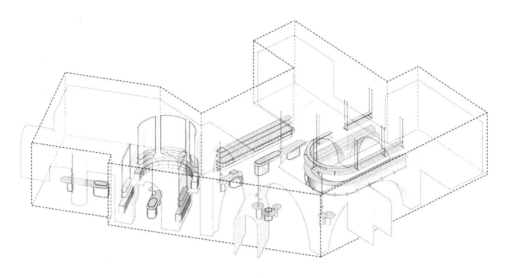

图4-54　场景分析图

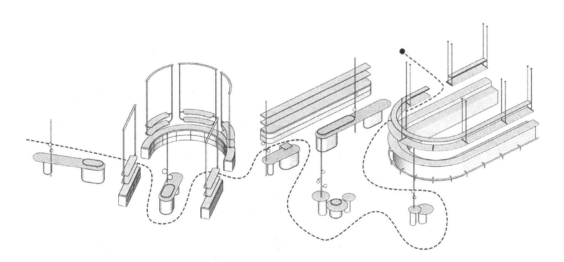

图4-55　动线分析图

115

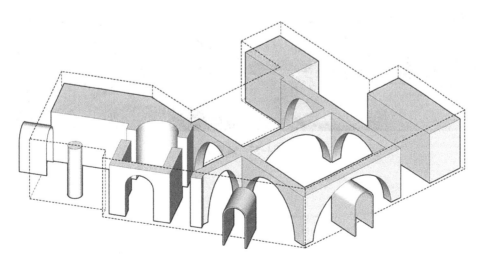

图4-56　空间分析图

餐饮空间设计案例2：

　　项目名称：农耕记深圳万象城店

　　设计机构：上海沈敏良室内设计有限公司

　　设计总监：沈敏良

　　设计主创：高　坤

　　项目面积：503平方米

　　把自然和设计感融合，是源自内心的驱动，创造了一种让人内心得到安抚的用餐环境，在光阴的长河中留下一片孤帆远影。棱角与恍惚互相制衡，冷翠和绢黄分庭抗礼，将看不见的剑拔弩张进行到底。

　　将市场式的采购方式融入整个空间，加强了人文氛围和互动性，利用梯形的天花板结构，创造出最自然的观赏路线和空间划分，视觉的层次感和高低落差充盈了整个空间，达到了"平静如水，仅为一瞬间惊艳"的视觉效果（见图4-57，4-63）。

图4-57　效果图

图4-58　效果图

图4-59　效果图　　　　　　　　　　　图4-60　效果图

　　在此次市集的设计构思时，出发点即是为食材发声，通过扁平的插画装饰手法表现身材的新鲜与生态，及更能与年轻群体沟通、更口语化的对话语境，让食材的展示变得更有趣味、温暖及生动鲜明（见图4-58，4-61，4-62）。

　　在设计中注入活力，把土特产的质朴与年轻消费者的都市生活缩短距离，在市集中上演了一场"农耕记食材秀"（见图4-59，4-60）。

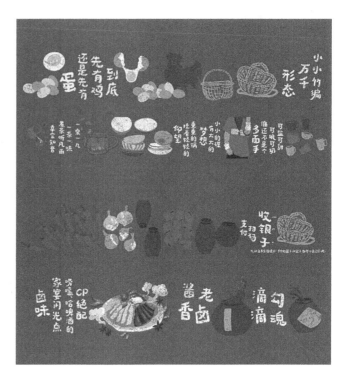

图4-61　品牌文化1　　　　　图4-62　品牌文化2

118

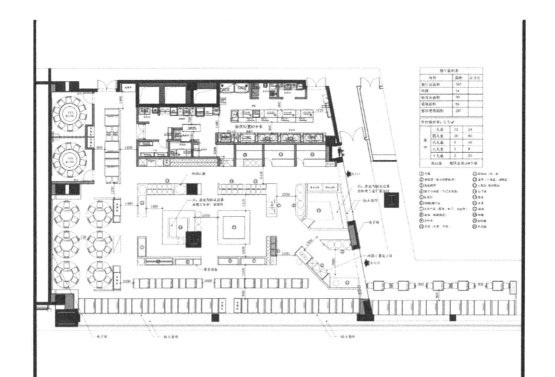

图4-63　平面布置图

第三部分 设计深化与效果表达（36学时）

1. 餐饮环境照明设计因素

餐饮空间设计中的照明是非常专业而且重要的设计组成部分。设计符合餐饮空间的照明要求，营造具有设计感、舒适的空间视觉光环境，满足人在生理和心理上的舒适感和安全感，激发用餐顾客的热情，提高其享受服务的舒适度，是值得研究的课题。在餐饮空间设计中，照明设计起着极其重要的作用。

1.1 餐饮空间照明质量分析

餐饮空间照明质量的评价指标包含舒适度、安装与维护、成本、节能、艺术表现、技术指标六个方面。针对餐饮空间功能的性质不同所采取的照明设计需要在性能要求、舒适度、艺术表现和技术指标方面给予高度重视。餐饮空间的照明效果也是衡量设计师的业务能力的第一要素，其中，艺术灯光表现更是为设计类空间的艺术氛围的点睛之笔（见图5-1，5-2）。

119

图5-1　餐饮空间照明1

图5-2　餐饮空间照明2

1.1.1　照度光比数据分析

照度光比是研究空间照明的重要单位，在现代餐饮空间设计中，科学的照度光比设计是提高工作效率的重要保证。从照明设计师的角度来说，一般会用到的光比数据有：1∶1，1∶2，1∶5，1∶20等，当然1∶20用得比较少，就算是现在的法式餐厅的光比，都不可能做到1∶20。

使用1∶2光比率的大多是快消餐厅，客流量大，讲求的是餐桌翻台率。使用1∶3光比率的是火锅店、中餐厅这类常见的餐饮空间。但是也有一部分火锅店、中餐厅会用到1∶5的光比率，因为这类餐饮空间需要摆放的桌子很多，看上去会拉低不少的视觉审美分数，为了提升空间的档次感，他们会选择将光比率稍稍拉高来达到目的。

能用到1∶5光比率的大部分是西餐厅，这种餐饮空间都会讲求一定程度的私密性，营造有档次、有格调的环境氛围。在西餐厅中，通常会将桌面的尽可能地照亮，其他区域做照明弱化处理，保证能让顾客看清桌面摆盘的同时，增加对环境的安全感。还有一些自助餐厅也会用到1∶5的光比率。在自选式餐厅的空间当中，照明设计大多是在自助台上用光直接照在食物上面，用来展示食物的种类和新鲜度，自助台上的食物在灯光的烘托下，看上去很昂贵很诱人，这便于顾客进行选购。同时弱化桌面的照明光线，遮盖桌面上的餐后残屑，提高顾客用餐舒适度。

设计师在条件允许的范围内要充分考虑到照度光比标准，在不同餐饮空间中使用不同的光比，能更好地营造就餐环境氛围。

1.1.2　亮度分布数据分析

亮度是指发光体光强与光源面积之比，定义为该光源单位的亮度，即单位投影面积上的发光强度（见图5-3）。亮度的单位是坎德拉/平方米（cd/m^2）。与光照度不同，由物理定义的客观的相应的量是光强。这两个量在一般的日常用语中往往被混淆。亮度也称明度，表示色彩的明暗程度。人眼所感受到的亮度是色彩反射或透射的光亮所决定的。

图5-3 餐饮空间照明发光强度

餐饮空间设计中为了更好地得到均匀的照度以满足大部分的餐饮要求，同时解决大面积、高亮度的照明设计会容易令空间环境显得呆板问题，处理好大空间及小空间的基础照明与局部照明的相互关系，需要增加局部的、小范围的点缀性空间照明，局部灯具的使用是灯光设计师常用的处理手法之一（见图5-4）。因此，工作面的亮度与周围环境的亮度之间需要保持合适的对比度。

餐饮空间都有自己的文化主题，而餐饮空间照明规划就需要融合这些主题，为整个空间营造出出色的气氛。餐饮空间作业的质量和使用的照明有至关重要的联系，不只具有照明光的就餐环境的效果，也能生产各种不同的气氛的就餐环境的。适当的灯光照度对比能够降低对周围环境的影响，利用灯光反射的照明方式也是降低灯具照度的有效方式之一，如采用漫射光及反射光源等等既可避免灯具产生眩光，还增强了空间的艺术感染力。

图5-4 餐饮空间照明方式

1.1.3 眩光现象数据分析

眩光是影响餐饮空间光源设计的棘手问题，餐饮空间作为视觉作业的重要场所，眩光的产生将会严重影响正常的工作。眩光是指视野内出现过高的亮度或过大的亮度对比而造成的视觉不适或视力递减的生理现象（见图5-5）。

表5-5 眩光现象数据分析

根据眩光对视觉功能的影响，主要可分为适应性眩光、不适应性眩光和失能性眩光。适应性眩光，是指人从暗的地方到亮的地方后出现视力下降的情况，一般经过短暂的适应时间即可恢复；不适应性眩光，是指由于亮度分布不适当，视线范围内存在高亮的光源，而引起的视觉不适。对于这种不适应，我们一般会下意识地通过视觉逃避的方式，避免视力受损。但是如果长时间处于不适应眩光的环境中，还是会引起视觉疲劳、眼睛酸痛、流泪和视力下降等后果；失能性眩光，是指眩光光源引起的视功能降低或者短暂失明，这个比较好理解，相信很多人都有过因长时间观测太阳或者被远光灯筒晃到眼前一黑的经验，可以说有光地方就有眩光存在。

眩光是影响照明质量最重要的因素之一，主要取决于光源和环境光的亮度对比，这就是亮度比的概念。当亮度比超过20∶1，就会产生让人不适的眩光。为了提高餐饮空间光环境的质量，必须采取合理限制或防止眩光的措施。

（1）避免产生眩光

光，并不是越亮越好，人眼能承受的最大的光亮度值约106坎德拉每平方米，超过此值视网膜可能会受损，适合人眼的光照度原则上应当控制在300 Lux以内，亮度比宜控制在1∶5左右。为了避免灯光对眼睛产生直接眩光，设计师通常采用两种途径：一是在基础照明达到室内使用的要求后，降低光源的使用功率，避免照度过高；二是减少直接裸露在外或直射到人眼的光源。

控制眩光最有效的方式就是藏灯，视线范围内没有直射光也就自然抑制了眩光，更多地采用间接照明作为主要照明，用反射光源取代直射光源，更合理地规划灯光方案，控制照度，控制亮度比，选择合适的墙面、天花和地面的颜色、材质，反光系数宜控制在0.3～0.5之间，不能过高，光泽的表面很容易形成镜面反射导致反射眩光，调整有玻璃或者镜面的家具与光源的相对位置。

（2）调度光比避免眩光

通过控制灯光亮度变化的幅度，来抑制适应性眩光，调光或者智能化场景控制，使空间环境按需用光成为可能，并且可以很方便地通过各种控制方式去调用，让每一盏灯、每一束光都恰到好处，更高效地用光，关掉不需要的灯，让需要的灯在合适的亮度工作，当然也能在最大范围内抑制眩光。当然，这一切都需要站在合理的灯光设计的基础之上。设计师进行现场灯光的测试是非常必要的，白天与晚上光照来源的差异化加大了避免眩光的难度，同时还要注意到高反射装饰材料所产生的炫光也加大了设计的复杂程度。

正确使用灯具。正确合理地使用灯具进行餐饮空间光源设计，需要设计师对灯具产品以及其特性、使用安装方式和工艺有充分了解和丰富的技术经验。不同类型的灯具、不同角度的照射、不同口径、色温、色调及发光源的距离等都会对餐饮空间的光源设计产生极大的影响（见图5-6）。

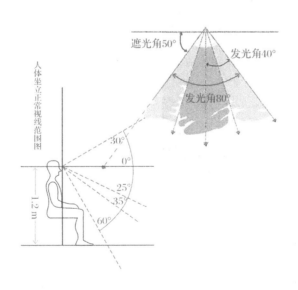

图5-6 避免反射眩光

1.2 餐饮空间照明方式

餐饮空间设计中灯光的照明运用在不同的功能空间里所表现的环境特色是截然不同的。根据顾客对餐饮空间不同的需求，大致分为三种：快餐模式餐饮空间，酒店模式餐饮空间，私密模式餐饮空间。餐饮空间的功能虽然相同，都是饮食，但是各个就餐环境的定位大不相同，因此餐饮空间设计中灯光的照明也有着很大的差别，既要体现不同空间功能的特色，又要做到风格统一。设计师通过天花吊顶光源的布置、壁灯的设计、地灯的运用等点缀出基础照明、重点照明、装饰照明、安全与应急照明四种餐饮空间照明方式。

1.2.1 基础照明设计

　　餐饮空间照明设计中最基础的照明方式就是以室内光与环境和谐为主（见图5-7，5-8）。特点就是将照明光线统一分布设计在餐饮空间环境中，光线设计成均匀的照明，照明设计要求色调柔和、宁静，有足够的亮度，不但使人能够清楚地看到食物，而且能与周围的环境、家具、餐具相匹配，构成一种视觉上整体上美感。所以，灯具数量一定要足够，以提高餐桌面的亮度，同时也能让用餐的人看清对方，一起享受用餐的快乐。大多采用室内顶面光源直射方式来增强空间的立体感和整体感，强化墙面肌理、展示饰品艺术感调和室内色调等，基础照明常常被应用到大部分餐饮空间的照明设计中。

图5-7　餐饮空间照明方式——基础照明1　　　　图5-8　餐饮空间照明方式——基础照明2

1.2.2 重点照明设计

　　重点照明同样是餐饮空间设计中不可或缺的照明方式。主要的作用和特征就在于使重点照明区域与周围环境的照度形成对比，强调物体的特殊性。在餐饮空间照明规划中，公用区域内大范围的均匀照明属于根底照明，如吊灯、筒灯、射灯等供给餐厅整体照度。一般来说，环境照明的灯具可直接安装在天花里，照度控制在100照度左右，灯光过暗或者过亮都会让顾客在用餐过程中感到不舒服。餐桌上的照度则需求抵达200—450照度，形成重点区域照明，突出桌面的美食及菜品的卖相，以增进顾客的胃口。照明方式要以局部照明为主，在一些重点区域做强调照明，通过空间光线强弱交替，颜色丰富多变来划分区域，突出趣味空间。但是，重点照明在照射面积方面有局限性，对于局部需要提高照度或者对照射方向有一定的要求时，重点照明多采用交替可调节式灯具，并且不能脱离室内基础照明的光环境，其应该是建立在与基础照明灯光色调与照度相统一的基础上的。

1.2.3 装饰照明设计

装饰照明是餐饮空间设计中最为活跃、最能够打破严肃的餐饮气氛，造就独特新颖、别具一格的餐饮空间设计空间环境（见图5-9，5-10，5-11）。装饰照明更多的是体现在灯具的造型及灯光色温、色彩的变换当中，LED灯带的大量运用更加丰富了餐饮空间设计中装饰性照明的使用。

除了明亮的灯光，在用餐环境里还要关注灯光的显色性。餐厅里灯光的显色性，与厨房内或其他工作场所略有不同。在日常的生活经验中我们可以体会到，日光灯还原日光下的色彩能力很强，但是照在食品上，并不会增进我们的食欲。我们需要显色性好的光，让我们知道食品的新鲜程度、鲜嫩程度等，因此，餐饮空间设计中需要的光，要有促进、增加食欲的功能。

除此以外，可以利用餐饮空间设计中空间环境的架构性特征，通过装饰照明的设计运用大大地缓和建筑空间的呆板感；凸显空间的造型及环境的趣味性。设计师可以根据不同的餐饮空间设计中空间性质和使用功能要求，合理使用装饰照明灯具及照明方式。

125

图5-9　餐饮空间照明方式——装饰照明1　　　　图5-10　餐饮空间照明方式——装饰照明2

图5-11 餐饮空间照明方式——装饰照明3

1.2.4 安全与应急照明设计

应急照明指在正常照明因故熄灭的情况下，能及时被启用以继续维持工作的照明方式；安全照明是指在正常和紧急安全出口都能提供照明设备和照明灯具的照明方式，如安全出口"EXIT"及入口的指示照明系统。

在实际餐饮空间设计中不会只是单一的照明方式，设计师常常会采用综合性的照明方式来解决餐饮空间设计中的照明问题，无论是整体还是局部照明都需要使餐饮空间中具有一定的亮度，又能满足不同功能区的照度要求（见表5-1）。

表5-1　餐饮空间照明形式运用分析

场所	参考平面及其高度	照度标准值 / lx	统一眩光值	光照均匀度	显色指数
普通餐厅	0.75 m 水平面	300	19	0.6	80
高档餐厅	0.75 m 水平面	500	19	0.6	80
前台接待	0.75 m 水平面	300		0.4	80
餐饮大厅	0.75 m 水平面	300	22	0.4	80
管理区域	0.75 m 水平面	300		0.6	80

1.2.5 智慧化系统照明

　　智慧化系统照明也称为智能照明控制系统，简单来说，智能照明就是用计算机技术、无线通信技术、扩频电力载波通信技术、计算机智能化信息处理技术及节能电器控制技术等组成的分布式无线遥测、遥控、遥信控制系统，来实现对照明设备的智能化控制。常见的智能照明表现形式有：灯光亮度调节、灯光软启动（无开关按钮）、定时控制开关、场景设置等场景。在现代餐饮空间设计中越来越凸显其高效、科技和时尚的特征。设计师可以根据餐饮空间设计需求的所有功能进行系统智能化的控制，这些状态会按预先设定的时间、模拟环境、预定模式等进行自动切换，并将照度自动调整到餐饮空间最合适的水平。在靠近窗户等自然采光较好的场所，系统会很好地利用自然光照明。当天气发生变化时，系统能够自动将照度调节到最合适的水平。无论在任何的场所或天气下，系统均能保证室内的照度维持在预先设定的光照标准。

1.3　餐饮空间功能区域照明设计

　　在现代餐饮空间设计中，设计师会根据用户的需求进行不同工作区域的设计规划，以产生不同功能的餐饮空间，每个餐饮空间的设计都需要匹配相对应的照明设计来满足使用者的实际餐饮需求。

1.3.1 公共区域照明设计

　　公共区域照明的效果，会直接影响顾客对餐饮空间的感受（见图5-12）。因此要把握好公共区域灯光特点，首先要理解每个区域的特点。

　　（1）饭店大堂

　　饭店大堂是顾客进入饭店的第一区域，也是顾客对饭店的第一印象。灯光可以起到明确各个区域的方向，引导顾客的作用，同时营造出大堂豪华、温馨的氛围。照明参考：以暖色调为主，色温3 000K～4 000K，照度400勒克斯，显色指数大于90。

图5-12　公共区域照明1

（2）服务台

服务台是顾客进行登记、书写的地方（见图5-13）。照明光线须足够明亮、清晰，同时不刺激顾客的眼睛。灯光须与大堂保持一致性，强化整体气氛。照明参考：色温3 000K～4 000K，照度500～800勒克斯，显色指数大于90。

图5-13　公共区域照明2

（3）休息区

休息区是顾客短暂等待和休息的区域（见图5-14）。应保持温馨、舒适的氛围，营造出相对私密的空间。并以灯光突出周边艺术品，增强明暗对比，提高美观度。照明要求：色温2 700K～4 000K，照度150～400勒克斯，显色指数大于85。

图5-14　公共区域照明3

（4）走廊

走廊是连接各个功能空间的纽带，起着承上启下的作用（见图5-15）。照明方式多样化，在走廊的适当位置营造出光装饰效果，保证基础照明，无需过亮，营造出空间的私密性。照明要求：采用暖色调，色温3 000K～4 000K，照度75～200勒克斯，显色指数大于80。

图5-15　公共区域照明4

129

（5）电梯大厅

电梯大厅是连接酒店其他区域的过渡空间，也是酒店的重要枢纽与人群较为密集的区域（见图5-16）。为了能让顾客快速找到电梯，因此电梯大厅的设计照度较高。电梯内的灯光应与整体照明一致，避免进出电梯时对亮度的不适应。照明要求：色温3 000K～4 000K，照度200～300勒克斯，显色指数大于80。

图5-16　公共区域照明5

图5-17 公共区域照明6

公共区域作为餐饮空间人员流动的主要出入口，凸显企业形象。其主要光源来自人工光源和入口外的自然光源，同时，良好的反光装饰材料的使用也会提升光源设计的质量和效果（见图5-17）。公共区域需要高照度或不同的光源来凸显风格特征，通过人工光与自然光的完美结合，使公共区域部分空间明亮且主次分明。

案例：

由深圳市成豪建设集团有限公司承建的广西天骄国际酒店位于钦州滨海新城白石湖中央商务区，作为钦州白石湖CBD城市综合体的重要组成部分，是目前广西档次最高、面积最大、拥有客房数量最多、功能设施最齐全的白金五星级酒店。

该酒店占据白石湖湖畔中心地段，拥有338间超宽敞的客房，白天和夜晚都能倚窗远眺白石湖景，配套舒适的室外泳池和健身房，都是这座钦州酒店新地标的标签。这座168米的天骄国际酒店，将成为钦州城市一张崭新的名片。

酒店大堂在设计考虑照明灯具提供充足的亮度外，更要求照明方式多样化，使照明设计做到与企业形象和品牌相吻合。比如大功率LED筒灯、LED射灯、COB天花灯的使用，既节能环保，又能够从整体出发，把握企业形象和企业的品牌文化（见图5-18）。用照明整合各种装饰元素，使得酒店的形象展示更加具有生命力。

图5-18　广西天骄国际酒店位大堂

1.3.2　用餐区域照明设计

为营造氛围并强调与整体餐饮空间环境的融合，可以采用基础光、重点光、背景光、装饰光等多种照明手段营造多层次的立体照明，进行餐饮空间的分割，并产生不同的布局照明方式。主要分为一般照明、局部照明和混合照明三种。

（1）一般照明

不考虑局部的特殊需要，为照亮整个室内而采用的照明方式。一般照明由对称排列在顶棚上的若干照明灯具组成，室内可获得较好的亮度分布和照度均匀度。这种照明方式布灯形式简单，常被用在经济型餐厅。

（2）局部照明

为满足室内某些部位的特殊照明需要，在一定范围内设置明灯具的照明方式。局部照明方式易于调整和改变光的方向。但在较暗的空间内，运用单独光源进行照明，会使人产生紧张与疲劳感。

（3）混合照明

由一般照明和局部照明组成的照明方式。混合照明是在一定的空间内通过一般照明和局部照明的配合起作用。良好的混合照明方式可以做到增加空间的照度，减少照明设施总功率，节约能源。照明设计中的色彩属性也是至关重要的，它会直接影响到食物的色泽及就餐者的心理感受。因此人工照明的色光和显色性也是值得去思考的。

在餐饮空间的照明设计中，宜选用低色温光源。而大多数餐厅都是要创造舒适而温馨的就餐环境，为了适应人类长久以来所形成的习惯，最好选用偏暖色的光源。为了使食品和饮料的颜色逼真，应该选用显色指数较高的光源，以便很好地烘托就餐氛围。整体的照明会使顾客产生一种积极的就餐情绪。单独的照明则会产生一种相对高雅私密的就餐环境，使就餐者更加放松。同时，照明层次的丰富，灯具种类的增加，也会增加空间的趣味性，吸引更多的就餐者前来。

餐饮空间的照明界面也十分丰富，主要有：顶棚照明、墙面照明、地面照明等。

第一，顶棚照明。顶面是一般餐厅的照明设计中最基本的界面，吊灯常用在规模较大的餐厅

和档次较高的宴会厅。主要用于一般照明。筒灯是口径小，并可以嵌入天花板内的灯具，其最大特点是外观简洁，隐蔽性强，不易引起人们的注意。格栅荧光灯盘的照度要求较高，它以其较高的照明效率和经济性成为各类快餐厅和中低档餐厅的首选灯具。总之，顶棚照明是当今餐饮空间最主要的照明界面，被广泛应用。

第二，墙面照明。墙面照明通常作为餐厅的辅助照明，其作用在于烘托餐厅的气氛。墙面装饰时，必须考虑饰面材料的反射系数和色彩，避免眩光。同时墙面照明也多与壁龛小品进行配合，增加空间的艺术感。

第三，地面照明。地面上的照明多见于一些主题餐厅。此照明一般不用来纯粹地照亮空间，而是被用作装饰和点缀，让空间更显得趣味化（见图5-19）。

总之，餐饮空间的室内照明作用被逐渐放大，已成为现在餐厅提高档次的一项重要手段。

图5-19　餐饮空间地面照明

1.3.3　辅助区域照明设计

餐饮空间设计中的辅助服务区域照明设计（见图5-21），需要考虑满足大多数人们的视觉感官的需求及心理需求。公用区可以多添加一些色彩照明设计，渲染工作人员运动、娱乐的氛围，提高员工工作效率（见图5-20）；休息区尽量采用自然色的格调为主的自然光，整体照度不需要太高，这样易于缓解员工疲劳。餐厅的照明设计往往以统一的暖色光为主，以营造温馨、自然的舒适感，增强顾客食欲。

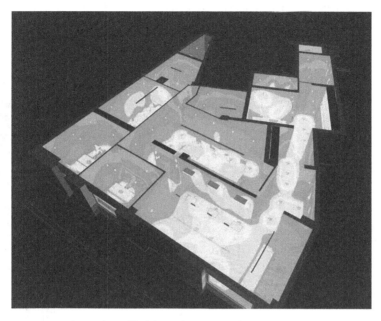

图5-20　后勤服务区域照明设计参数范围分析表

图5-21　辅助区域照明

133

2. 餐饮空间色彩设计因素

　　餐饮空间设计风格特征呈现多元化发展趋势，在设计过程中更注重在整个设计中色彩的搭配（见图5-22）。餐饮空间的色彩运用要给人以美的享受，因此在色彩的利用上要充分注意色彩的对比、搭配、协调与统一的关系。色彩促进了空间、造型、形态、大小、比例上的变化、节奏和对比，以满足人的感官、生理和精神的需求。不同民族和地域，因为生活习惯的养成和地域性、历史性文脉的形成，促使餐饮空间表现出不同地域和民族的区别，因此色彩规律的运用不能成为僵硬的教条。由于不同年龄的人生活的时代、历史的烙印及文化教育有差异，决定了对于不同餐饮设计空间色彩的不同喜好，针对不同消费人群应选择不同色彩搭配。

图5-22　餐饮设计空间色彩

2.1　餐饮空间色彩特征属性

　　色彩三大特征属性包括明度、纯度和色相。人类对色彩的感知来源于对光的感知，在物理科学上，它是一种客观存在的物质，需要经过人们的视觉感官才能感受到色彩的丰富世界。因此，餐饮空间具有不同设计，一般而言，餐饮空间的中庭、散席厅等广泛使用明亮的装饰和暖色的照明，雅座包房等采用较暗的暖色或紫红色的局部照明，利用灯带、地灯或壁灯来营造主题性特色空间（见图5-23，5-24，5-25）。

图5-23　餐饮空间色彩特征属性1

图5-24　餐饮空间色彩特征属性2

图5-25　餐饮空间色彩特征属性3

2.2　餐饮空间色彩心理效应

餐饮空间的颜色、冷暖、豪华和简朴、色彩尺度和距离等，对空间的档次、特色等的暗示和彰显作用，能提高餐饮空间的档次来展示各类人的文化情怀，具有深远的象征意义和心理感受。不同的材料有相应的颜色和质感，不同的材料也可以装饰成不同的颜色。颜色的不同会给人不同的视觉感受，色彩的心理效应反应在色彩的冷暖、轻重、远近、尺度、方向以及复杂的情绪等各个方面。在众多的设计实践中都印证了无论是从专业设计理论出发还是从设计实践中科学、专业的空间色彩对比关系出发，都能迎合人的和谐、舒适视觉心理。

不同的色彩给人的感觉不同，相同色相不同明度的色彩给人的感觉不同，冷暖色彩给人的感觉也不同（见图2-26，2-27）。因此，需要通过色彩来调节空间的变化，改善空间的性质和空间环境，如宴会厅，通过低明度冷色系的装饰和装修，使人减少空旷感。

图5-26　餐饮空间色彩心理效应1　　　　　图5-27　餐饮空间色彩心理效应2

2.3　餐饮空间色彩设计原则

通过色彩设计提升餐饮空间环境的作用和意义在实际餐饮空间设计中尤为突出。餐饮空间色彩设计应遵循以下原则。

2.3.1　符合餐饮企业文化的原则

企业形象的表现是多样性的，无论是企业的名称文字、注册商标、VI导视系统，还是各种文化形象视觉符号等，都离不开色彩的应用和表现，这也是最直观的方法和手段，彰显出企业的个性和专业性特征，是企业文化的核心组成要素（见图5-28，5-29）。

图5-28　餐饮企业文化1

图5-29　餐饮企业文化2

2.3.2　满足功能需要的原则

在餐饮空间设计实践过程中，空间的视觉感受也是非常重要的，而其中色彩的作用非常突出（见图5-30，5-31）。

首先，定位空间色彩关系，这与餐饮空间设计的空间功能和性质有着密切的联系，即明确所做的搭配是为了给这个空间带来什么。根据不同的空间特点和用途选择色彩的搭配关系，使餐饮空间的色彩设计作用更加明显。

其次，定位空间色彩的面积比例，这将决定整个餐饮空间的气质和调性。小面积的色彩关系可以起到活跃整个空间的气氛，将其与其他空间区分开来，又为餐饮空间增加了趣味性，是非常巧妙的设计手法；大面积的色彩关系将会直接决定餐饮空间环境的整体基调和设计风格。

图5-30　满足功能需要1　　　　　　　　　图5-31　满足功能需要2

2.3.3 关注设计情感的原则

　　设计需要情感，餐饮空间设计同样需要情感的设计，色彩元素会带给我们更大的惊喜。不同的颜色在不同的空间环境条件下所带来的视觉感知各不相同，因此所带来的情感、感受也不尽相同。情感不仅与色彩本身的属性相关，而且还与使用色彩的环境和性质有着很大的关联（见图5-32，5-33）。

　　色彩利用需要尊重人的情感需求、地域精神和民族精神，在进行餐饮空间色彩设计时需要综合考虑人的情感因素。不同的色彩属性带给人们的感受是不一样的，因此，餐饮空间的色彩设计要结合实际的餐饮使用功能和面积、文化等因素，慎用特别鲜明、刺激的色彩，在纯度和明度控制得当的情况下，使用单纯的色彩关系是一个简单、方便的选择。

图5-32　色彩的发散联想和情感表达

图5-33　关注设计情感

3. 餐饮空间材料选配设计因素

新的材料与工艺在餐饮空间设计上的运用是极其丰富和富有设计特征的。餐饮空间的创意设计与材料也是密不可分的、相互依存的关系。利用好材料的性能特征或外观肌理，最大限度地满足设计师的设计需求，实现餐饮空间设计的效果、空间的比例、氛围的构造、审美的标准、环保的需求等方面，根据材料的特性安排空间的构成，完成整体餐饮空间设计的创意。另外，正确掌握材料的选择是餐饮空间设计的关键技能，也是设计创意的热点。

3.1 餐饮空间材料的性能与特点

3.1.1 功能特性

在餐饮空间设计的材料运用中，材料的各种元素结构和物理性质决定了该材料所具有的功能，因此，不同结构和性质的材料其使用的功能和范围不同。具体会涉及装饰美化、隔音吸音、防水防滑、隔热、阻热、阻燃等（见图5–34，5–35），所以在餐饮空间设计过程中，如何科学地利用好合适的材料是每一位设计师必须面对及解决好的问题。

图5–34　餐饮空间材料的功能特性1

图5-35　餐饮空间材料的功能特性2

3.1.2　视觉特性

　　装饰材料各种特性中，其结构性的形状、大小、表面肌理效果以及后期人为进行的加工后所成型的造型，都会让使用者产生感情和心理上的反馈，这就是材料的视觉特性（见图5-36，5-37）。例如石头、竹木等自然的材质和精工研磨的金属质感的型材等，加上材料本身所带有的线条肌理质感，都将呈现出设计师理想中的空间视觉效果。

图5-36　餐饮空间材料的视觉特性1　　　　　　图5-37　餐饮空间材料的视觉特性2

3.1.3 物理特性

材料设计中的物理特性往往体现在局部设计中，特别是对材料的光学特性、声学特性和热工特性等物理特性的了解以及对材料的隔热、隔音、反射、透光等物理指标的掌握，是材料设计中十分重要的环节也是材料物理特性使用的重要依据（见图5-38，5-39）。

图5-38　餐饮空间材料的物理特性1　　　　　图5-39　餐饮空间材料的物理特性2

3.1.4 美感特性

材料的美是一种天然的美、自然的美以及工业化的、时代的美，餐饮空间的设计需要更多符合环境氛围的美感以带给顾客生理和心理上的美好感受。材料本身的色彩、图案、样式、材质和肌理纹样，如何在设计时有效地营造空间环境气氛和情调，给人以亲切、温暖、现代豪华的感受，很大程度上取决于设计师对于这些材料因素的理解和实际运用（见图5-40，5-41，5-42）。

图5-40　餐饮空间材料的　　　　图5-41　餐饮空间材料的　　图5-42　餐饮空间材料的
　　　　　美感特性1　　　　　　　　　　美感特性2　　　　　　　　美感特性3

3.2 餐饮空间材料选用原则

3.2.1 设计风格表达

餐饮空间设计风格的实现有很多种方法和工艺手段，并且，通过合理运用装饰材料来满足不同空间的设计需要和功能的风格，可以通过不同装饰材料或同一类装饰材料的创意搭配来体现（见图5-43，5-44，5-45，5-46）。想要达到具有创意且具有特殊意义的装饰效果，需要设计师对各种材料有深入的了解，能最大限度地发挥每一种材料在空间中的表现特性，从而最终完美地展现空间设计风格。

如故意暴露内部结构材料以表现结构主义的特征；在室内运用石头、木头等天然材料，展现材料的天然纹理，营造质朴的自然风格。在对设计风格的表达上，现代主义设计大师们表现出了很强的创新能力。西方建筑大师路德维希·密斯·凡·德·罗（Luding mies van der rohe）主张"少即是多"的设计原则，即舍弃所有的多余装饰，只追求材料的固有色、质感以及材料的纹理。

图5-43　餐饮空间设计风格1

图5-44　餐饮空间设计风格2

图5-45　餐饮空间设计风格3

图5-46　餐饮空间设计风格4

案例：

位于FiDi（美国曼哈顿的最南端）地标性豪华公寓楼大堂的新美国景点拥有高高的天花板和巨大的窗户，其完美的工业设计和开放式厨房让游客想留下来享受这座城市所提供的一切。虽然它是高档场所，但Crown Shy的步入式酒吧区、开放式厨房和令人惊讶的实惠价格确实吸引了所有人，使它成为一家令人难忘且不容错过的餐厅。充满了设计感的餐饮空间赋予了餐厅以不一样的人文温度（见图5-47）。

图5-47　餐饮空间的人文温度

3.2.2　情感满足需求

材料的特殊属性在设计中对于人的心理情感存在不同程度上的影响，这些特征是材料的外在表现形式；同时不同性质和属性的材料搭配重组所产生的特性还会给人带来不同的心理感受和视觉体验。金属在给人冷漠、距离感的心理感受的同时，也会给人一种坚硬、厚重、冷冰冰的感觉。餐饮空间设计中装饰材料的使用直接关系到最终空间设计效果，因此需要考虑人在整个室内空间的体验（见图5-48，5-49，5-50）。

图5-48　餐饮空间材料的　　　图5-49　餐饮空间材料的　　　图5-50　餐饮空间材料的
　　　　情感满足需求1　　　　　　　情感满足需求2　　　　　　　情感满足需求3

3.2.3 功能实现需要

功能的实现，是设计师的设计终极目标，在设计中运用的每一种材料都必须物尽其用，最大限度地实现功能需求。不同材料的运用变化会更加刺激人的神经，促使和改变影响人的环境行为，使人的精神与心理产生反应。

案例：

柯布西耶的全框架外露表达了柱梁承重结构的真实，不加粉饰的混凝土外露表达了材料的真实。雅克·赫尔佐格（Jacques Herzog）与皮埃尔·德梅隆（Pierrede Meuron）设计的Dominus葡萄酒厂，用铁笼内装当地石头作为外围护结构，根据需要做成半透明的石墙，与当地环境融为一体，体现了建筑真实的地方性，用砖说出了建筑的真实（见图5-51）。

图5-51　功能实现需要

3.3　餐饮空间材料功能设计

3.3.1　天花板材料的选择

天花板的设计在餐饮空间设计中不断受到广泛的重视，对于天花板的设计也越来越多样且精美。在餐饮空间设计中，天花板具有写画、油漆美化室内环境及安装吊灯、光管、吊扇、开天窗、装空调，改变室内照明及空气流通的效用。天花板材料一般有以下几种。

石膏板：石膏天花板是以熟石膏为主要原料掺入添加剂与纤维制成，具有质轻、绝热、吸声、阻燃和可锯等优点，但石膏板整体吊顶容易裂和变形。多用于商业空间科学，一般采用600×600规格，有明骨和暗骨之分，龙骨常用铝或铁（见图5-52）。

图5-52　材料——板材

　　轻钢龙骨：石膏板或者轻质水泥吊顶板与轻钢龙骨相结合便构成轻钢龙骨吊顶。轻钢龙骨石膏板天花有纸面石膏板、石膏板、纤维石膏板、空心石膏板条多种。从目前来看，使用轻钢龙骨石膏板天花作隔断墙的较多，而用来做造型天花的则比较少，因为容易变形（见图5-53）。

145

图5-53　材料——型材

　　夹板：夹板（也叫胶合板，有三夹板、五夹板、多层夹板等规格）具有材质轻、强度高、良好的弹性和韧性、耐冲击和振动、易加工和涂饰、绝缘等优点。它还能轻易地创造出弯曲的、圆的、方的等各种各样的造型天花，但缺点是怕白蚁（见图5-54）。

图5-54　材料——复合板材

异形长条铝扣板：方形镀漆铝扣天花在卫生间等容易脏污的地方使用。铝条方格吊顶一般用于大空间内使用；面板用烤漆或塑铝板的一般用于写字间走道（见图5-55）。

图5-55　材料——铝材

彩绘玻璃：这种材料具有多种图形图案，内部可安装照明装置，但一般只用于局部装饰（见图5-56）彩绘玻璃的装饰一般会用轻钢龙骨石膏板或胶合板共同进行装饰，装修若用轻钢龙骨石膏板天花或夹板天花，在其面涂漆时，应用石膏粉封好接缝，然后用牛皮胶带纸密封后再打底层、涂漆。

图5-56　材料——玻璃

其他材料还有铝方通吊顶、PVC吊顶、新型塑钢板吊顶等一些新兴吊顶材料。在具体使用当中应该注意：首先，切记不要只看厚度，不看材质；其次，条件允许可以考虑覆膜板，将来在卫生间等公共区域容易擦洗，而且时间久了也不会变色；最后，安装一定要用专业工人安装以保证产品质量和效果。

长期置于头顶部位的天花板将会影响到人们的潜意识，不同材质的天花板也会造成人们精神上的不同感受。所以设计师在选择天花板材料时，应特别考虑到材料对人的心理所产生的影响。另外，由于天花板不是人们经常接触的部位，在其使用功能上，应尽量选择不易受污染和尘埃附着的材料，以便清洁。

3.3.2　地面材料的选择

对于人们直接接触的地面，舒适性、安全性是考虑的重点。设计师在选择地面材料时，除了舒适性外，还应考虑到安全性，以防人们滑倒摔伤。地面材料主要包括以下几种。

地板：作为室内地面装修材料，地面的铺装种类很多，如实木地板、实木复合地板、强化地板、竹地板等。其中实木地板纹理自然，触感很好，能够调节室内的湿度，是非常好的客厅与卧室地面材料（见图5-57）；实木复合地板有三层复合与多层复合两种，装饰性强，而且防霉，不易变形，如果一定要在厨房铺设地板的话可以选择这种（见图5-58）。

图5-57　材料——地板1

147

图5-58 材料——地板2

地砖：地砖易于打理，经久耐用。作为餐饮空间地面材料适用范围广泛。地砖种类很多，比如釉面砖、瓷质砖、拼花砖、抛光砖等。相较于地板，它保养起来比较容易，而且防滑（见图5-59，5-60）。

图5-59 材料——地砖1

图5-60　材料——地砖2

大理石：大理石是室内地面装修材料中比较豪华的一种材料，它的天然纹路提升了整个空间设计的格调（见图5-61）。大理石有天然大理石与人造大理石两种，前者质地坚硬，大气沉稳；后者装饰效果不错，健康环保，但质地如不前者。

149

图5-61　材料——石材

马赛克：马赛克又叫锦砖，色彩多样亮丽，装饰性极强（见图5-62）。马赛克最常见的规格是320毫米×320毫米×8毫米。

图5-62　材料——拼接材料

　　除了上述材料外，塑胶也是常用的室内地面装修材料，软塑料块材与硬质塑料胶合板材是它最常见的两种形式。相对而言，塑料及胶合面板物美价廉，耐磨、耐碱，而且施工方便，不过它也有明显的缺点，那就是经受不住高温。另外，还有一些类似于水泥自流平、环氧树脂地坪漆等新兴的铺地材料（见图5-63，5-64，5-65，5-66）。

图5-63　材料——复合材料1　　　　图5-64　材料——复合材料2　　　　图5-65　材料——复合材料3

图5-66　材料——复合材料4

3.3.3　墙面材料的选择

　　墙面是人们视觉和触觉所及面积最大的部位，也往往是决定人们视觉感受的一个重要条件。墙面材料的柔软度、表面的粗糙与平滑、色彩的深浅、图案的大小和纹理以及与家具设施的配合共同构成室内视觉的中心。所以，墙面材料的设计应充分考虑到人们视觉的舒适度。另外，墙面还应考虑到表面材料的耐久度和保养水平。

　　很多人会选择壁纸，它的颜色、花纹、图案等都非常丰富，选择空间比较大。我们可以根据餐饮空间设计的搭配风格来选择对应类型的壁纸，更重要的是壁纸施工比较简单，价格也比较合理。还有人会选择涂料，因其施工比较简单，种类也有很多，比如有乳胶漆或者水溶性的涂料、仿瓷涂料等，其中乳胶漆使用范围最广泛，它能够起到装饰的效果。仿瓷的涂料瓷质比较光洁，能够带来光泽度。最后还可以选择墙面砖来装饰墙面。如大理石，相对来说价格会更贵一些，不过装饰效果更好，显得更加豪华。还有一些装饰板，有胶合板、不锈钢板，还有搪瓷板等。还有清水泥墙面、油泥墙面、凹凸板凳造型的木饰面、多孔板墙面等新兴的墙面材料可以选择。

3.3.4　隔断材料的选择

　　进行餐饮室设计时，设计者需要对整个餐饮空间进行重新组合及分割。这时就需要用到隔断（见图5-67，5-68，5-69）。隔断材料的选择要根据隔断的性质和用途来进行，餐饮空间设计中隔断材料品种繁多，根据其隔断形式可以分为永久性隔断、临时性隔断和可移动式隔断。餐饮室设计时有时候需要设计永久性隔断，这种隔断需要使用很长的时间。因此，对于这种隔断需要考虑材料的耐磨性和抗老化性。此外，永久性隔断一般设计在相对封闭的空间内，隔断材料还要考虑坚固并防水和防火。永久性隔断一般为耐磨损、抗老化材料，常见材料有包括砖混、空心砖、铝合金、石膏板等。这些材料由于重量轻、密度大，被广泛采用。临时性隔断一般是对餐饮空间的临时性分隔，临时隔断使用的时间不是很长，所以隔断材料要质量轻，便于搬运挪动。比较常见的临时隔断材料包括铝合金龙骨、木龙骨多层板贴面、石膏板贴面以及钢骨架玻璃等。此外，如果是虚空间，还可以利用竹木、柱体、纺织物及麻藤等对隔断进行装饰。可移动的隔断可利用屏风、框架等物件来代替，也可充分利用各种装饰材料对不同功能的室内空间进行设计。可移动隔断使其在造型上不受限制，也可根据功能特点进行设计。灯饰、绿化、水体、植物纤维等都可以制造出别具特色的虚拟隔断。

图5-67　隔断材料的选择1　　　　　　　　　　图5-68　隔断材料的选择2

图5-69　隔断材料的选择3

4. "餐饮空间设计"课程设计任务书

4.1 设计内容

基地位于本市某CBD综合大厦中心区域二层空间，建筑共五层，建筑面积约 1 550 平方米，结构层高 4.5 米，空间设计内容为"餐饮空间"，任选一个餐饮类型展开室内空间设计。可根据设计需要选择位置作为餐饮空间主要出入口，基地空间的东侧及西侧为玻璃幕墙结构，其余为剪力墙结构隔墙。

餐饮空间内需设置：公共区域，设置户外门面、入口区、等候区、接待中心、引导通道、接待茶饮区等；餐饮区域，设置公共餐饮区域、半开放餐饮区、包厢及相关用餐区；后厨区域，设置原料进入、原料处理、半成品加工、成品供应的流程合理布局；洗手间，设置与餐饮功能相关性质人流量的卫生间及相关设施；辅助区域，设置与餐饮功能相关性质的辅助用房及相关设施。

4.2 设计要求

设计应选择适当餐饮类型展开，如多功能餐饮空间、宴会厅餐饮空间、中式餐饮空间、西式餐饮空间、风味餐饮空间、饮品店餐饮空间、食堂餐饮空间、自助空间餐饮空间、快餐饮空间等，名称及设计内容需要有一定立意或从故事性的角度出发，并在空间组织、材料色彩、家具装饰、店面门头等方面紧扣主题深入设计。

根据餐饮主题性质确定餐饮方式，合理组织餐饮和交流空间。如集中餐饮为主还是独立式餐饮为主，或是两者结合联合餐饮等，这些细节都将决定着方案的平面布局。

根据餐饮主题性质确定餐饮方式，考虑餐饮空间室内流线，解决接待、用餐、跑菜、制作、消防疏散、如厕洗手、出入、会务等流线的组织。

根据餐饮主题性质确定餐饮方式，考虑餐饮空间中室内开敞空间和私密空间的空间布局、企业文化元素、视觉通透性、景观布局及声环境关系等。

根据餐饮主题性质确定餐饮方式，考虑室内的采光及人工照明。

4.3 图纸内容

一套设计方案文本报告，包括：

A. 简明概念策划书；

B. 设计理念意图；

C. 参考案例分析；

D. 设计分析图（功能分区，动线，视线，动静，透视等，包括草图）；

E. 彩色平面图（CAD 导出 PS 填色图，色彩要有设计感）；

F. 效果图：室内空间效果图10张，软装陈设效果图10张；

G. 物料表：材料物料清单、家具设计及购买清单、电器开关插座清单、软装设计清单等。

153

CAD 方案深度图纸一套：

原始平面图 1：100；

墙体改造图 1：100；

平面布置图 1：100；

地坪铺装图 1：100；

吊顶布置图 1：100；

灯位尺寸图 1：100；

开关、插座布置图 2 张 1：100；

重要立面图30 个（包括沿墙家具）1：50（包括主立面及主装饰立面）；

节点大样详图10 个；

设计说明 300 字以上。

4.4 图纸要求

所有 CAD 图纸，比例自定，需根据图纸性质确定合适比例。每张图纸均需要套施工图图框、编码、排版。效果图运用 3DSMAX、SU 或其他渲染软件制作，A4 纸大小，效果图精度 200DPI 以上。

4.5 图纸提交

①文本提交 PDF 格式+PPT 格式，电子版，板式精美，文件名：学号+姓名.pdf；

②CAD 文件全部需配图框，一个文件，文件名：学号+姓名.dwg（2004 版本）；

③效果图文件（SU 文件，3D 文件），文件目录名：学号+姓名。

4.6 评分标准

（1）设计解读与功能布局（10分）

①呼应设计任务书意见要求与场地环境。（5分）

②功能设计合理，流线交通便利，满足规范要求。（5分）

（2）设计理念与概念生成（10分）

①充分发挥空间特点，较好把握合适的空间氛围。（5分）

②具有设计创新与空间想象力。（5分）

（3）设计方案分析与表现（40分）

①设计概念图表达。（5分）

②设计分析图表达。（5分）

③效果图表现。（20分）

④灯光设计。（5分）

⑤软装设计。（5分）

（4）设计工程图纸绘制（30分）

①整套工程图内容完整，信息清晰。（15分）

②制图语言规范，排版标准。（10分）

③打印输出规范。（5分）

（5）设计美观度（10分）

设计文本整体性完整，排版设计效果美观，具有一定的审美性。（10分）

5. 成果表达

设计案例分析

项目设计："人间有味"——银丝面馆江南特色餐饮空间设计

项目设计：周安琪

指导教师：周江

本方案在设计方案及设计成果表达上更加注重专业性和设计创新特质。餐饮空间的设计的最终结果就是将设计的内容通过施工图、效果图和材料配饰表等设计图纸和模型部分充分地表达出来。将具体设计的理念、创意构思抽象的思维变成可视的图形形象，形成方案，设计师必须通过掌握设计的成果表达方法来达到这一目标。

5.1 施工图

施工图绘制的内容主要有设计图纸目录、设计说明、平面布置图、天花吊顶图、动静流线图、立面图、节点大样图、门窗表等。

5.1.1 平面布置图

平面布置图通常是指在建筑高度1 200毫米左右的位置做水平切割后，移开顶部和上部分所呈现的空间内部结构件布置。（见图5-70，5-71，5-72，5-73）平面图是其他设计图纸的基础，主要用于表现空间布局、门窗开启方向、交通路线、家具陈设位置、地面材质、墙体开线等。在具体设计过程中，根据项目的不同情况，平面图纸一般包括平面布置图、平面开线图、平面材质图、平面索引图等；根据图纸的大小，平面图采用的比例有1：50，1：75，1：100，1：150，1：200等。

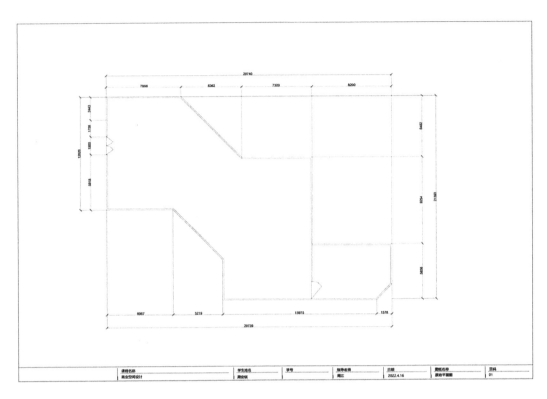

图5-70 一层原始平面图

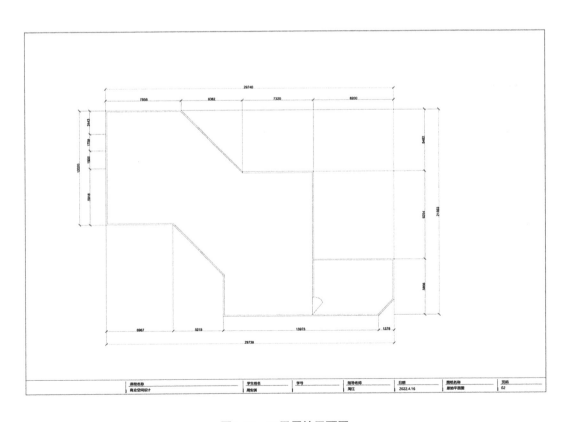

图5-71 二层原始平面图

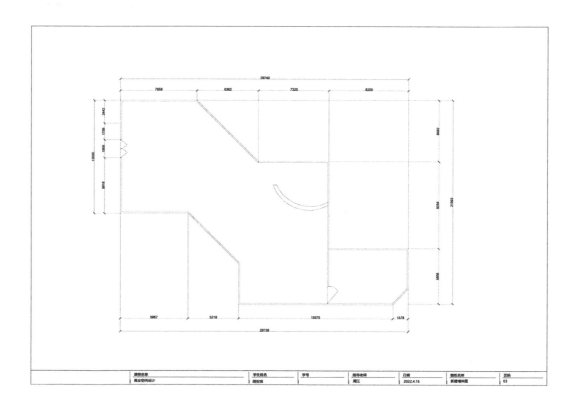

图5-72　一层新建墙体图

157

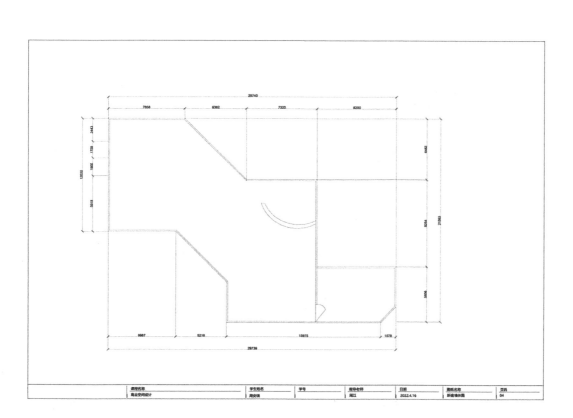

图5-73　二层新建墙体图

一楼的家具以吧台形式为主，设置位卡座形式区域，二楼的家具以异形卡座家具为主（见图5-74，5-75，5-76，5-77）。

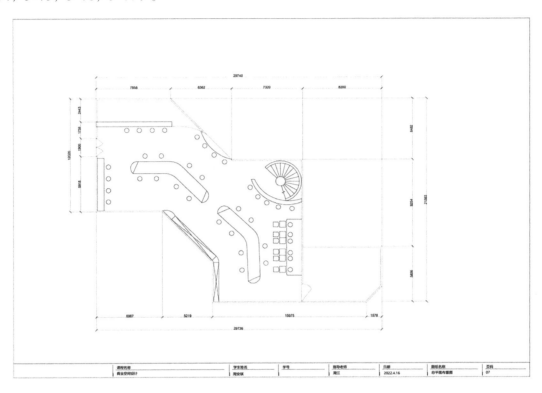

图5-74　一层平面图

注：一楼的家具以吧台形式为主，一个区域为卡座。

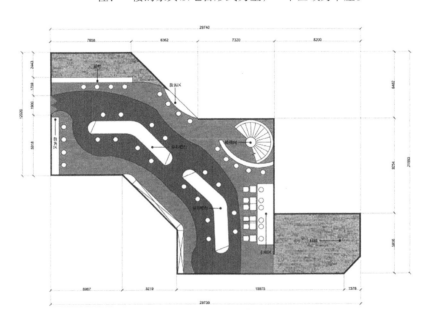

图5-75　一层平面彩平图

注：面吧和后厨采用较为好打理的光滑大理石瓷砖。本着给来店消费顾客们温暖舒适的需求，
　　就餐区的地面铺装运用木材。

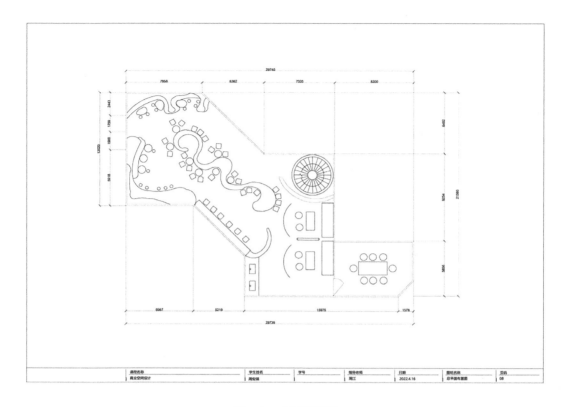

图5-76 二层平面图

注：二楼的家具以异形卡座家具为主。

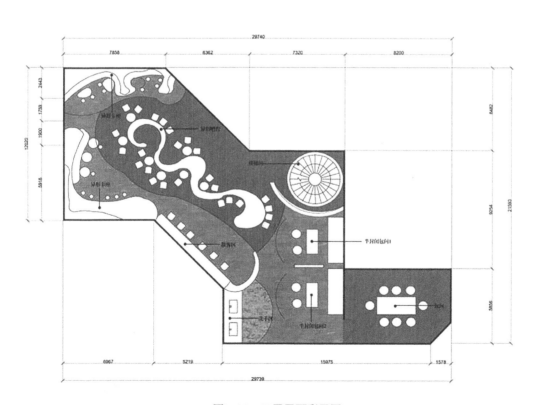

图5-77 二层平面彩平图

注：二楼采用包间与多人异形餐桌结合的形式。有卡座与异形餐桌的吧台。

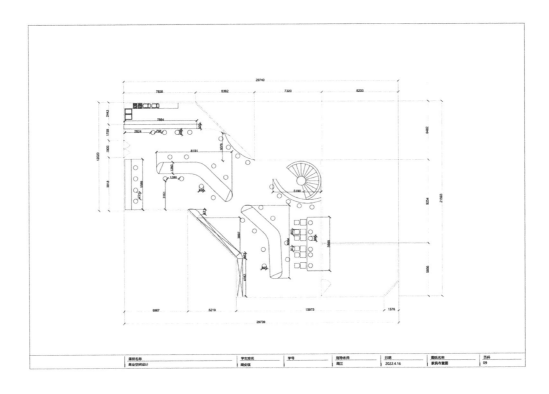

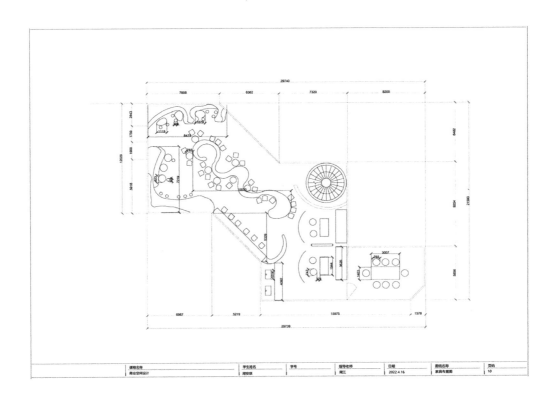

图5-78　一层家具布置图

图5-79　二层家具布置图

两条线路可以分散人群。一楼以散客堂吃为主，二楼以聚会、包厢为主（见图5-80，5-81）。

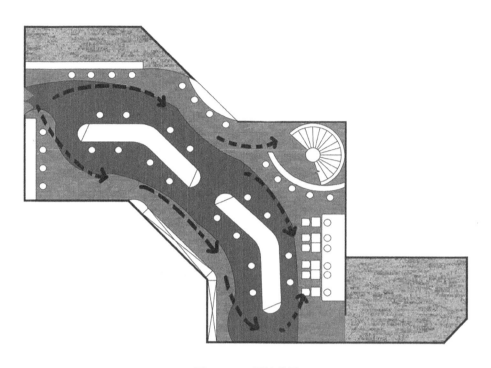

图5-80　一层流线图

注：两条路线可以分散人群。一楼以散客堂吃为主。二楼以聚会，包厢为主。

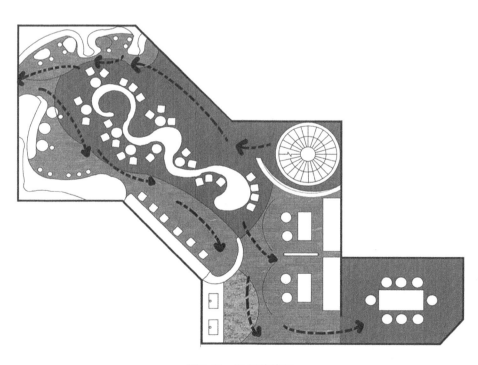

图5-81　二层流线图

注：两条路线可以分散人群。一楼以散客堂吃为主。二楼以聚会，包厢为主。

一楼以木质地板、装饰水泥地坪为主（见图5-82）。二楼以木质地板、石英砂彩色地坪为主
（见图5-83）。

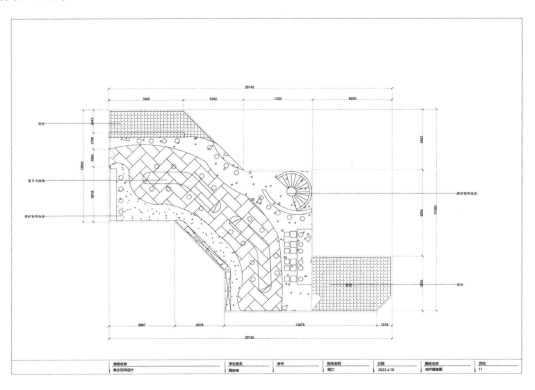

图5-82　一层地坪铺装图

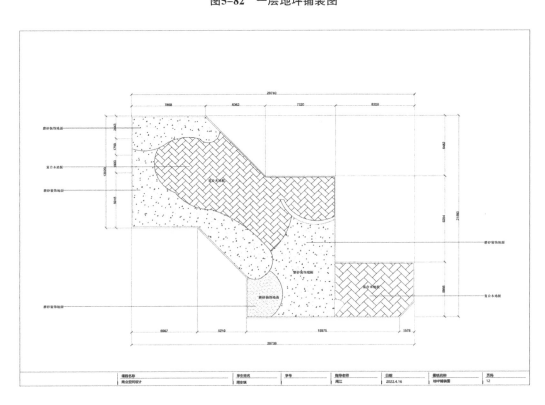

图5-83　二层地坪铺装图

5.1.2 天花吊顶图

天花吊顶图与平面布置图一样，都是餐饮空间设计的重要表达内容，所表现的是吊顶在地面的正投影状态，其表达的内容有建筑层高、吊顶的材质、造型尺寸、灯具及空调等设备的位置和大小等。天花吊顶图纸一般包括天花布置图（见图5-84，5-85）、天花开线图、天花灯具布置图（见图5-86，5-87）、天花造型节点大样图等。天花吊顶图设计的重点在于与平面功能区域的对应关系，以及利用天花来分隔空间、形成空间感。根据图纸的大小，天花吊顶图采用的比例有1∶50，1∶75，1∶100，1∶150，1∶200等。天花吊顶以轻钢龙骨石膏板为主，吧台区域灯光设计主要以隐藏式发光灯做回光效果处理，烘托环境的氛围感，主要照明则以吊灯为主。

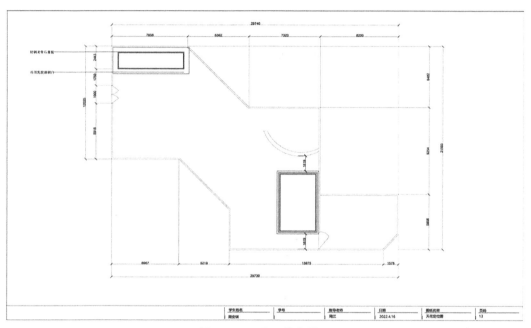

图5-84　一层天花布置图

163

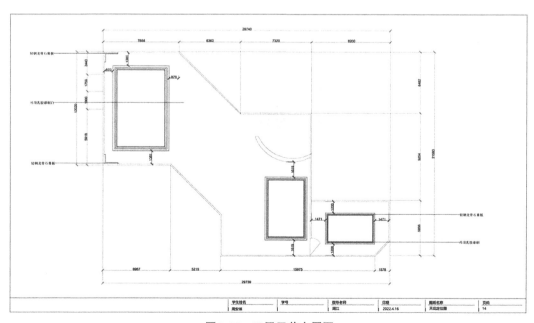

图5-85　二层天花布置图

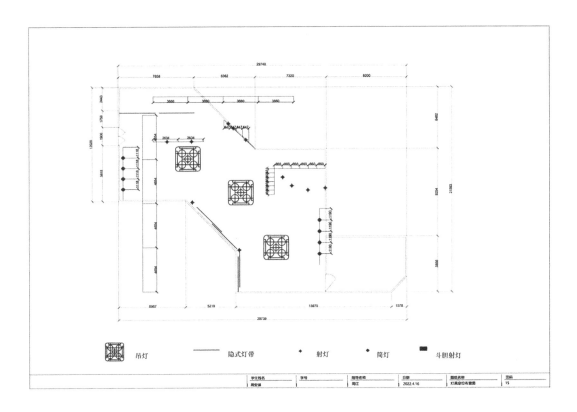

图5-86　一层灯位定位图

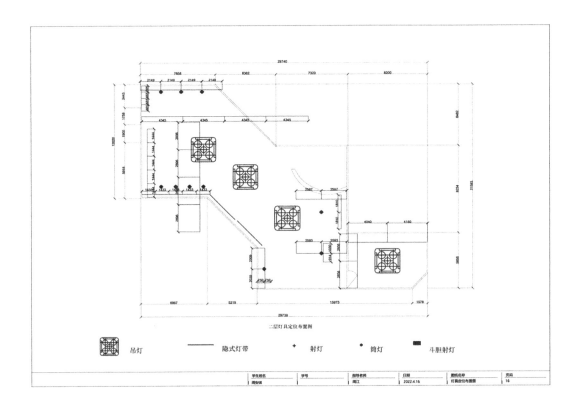

图5-87　二层灯位定位图

5.1.3 立面图

立面图是用于表达墙面隔断等空间中垂直方向的造型、材质和尺寸等相关内容构成的投影图，能清楚地反映出室内立面的门窗、设计形式、装饰构造等（见图5-88，5-89，5-90，5-91）。墙面固定的家具和设备需要在立面图中表现出来，移动的家具设备可以不表现出来。立面图的绘制要注意线型的选择，例如对于安装的灯具和灯槽应使用点画线、门的开启方向应使用虚线等。立面图的编号应同平面图中的索引号联系，对于同一个空间立面的表达，其绘图比例应该统一。有特殊造型的地方应标出剖面图或大样图的索引符号。立面图采用的比例有1：20，1：40，1：30，1：50等。

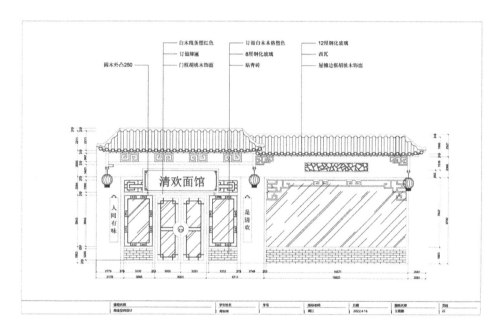

图5-88　门头立面图

165

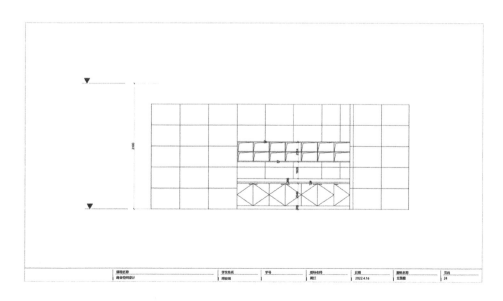

图5-89　立面图1

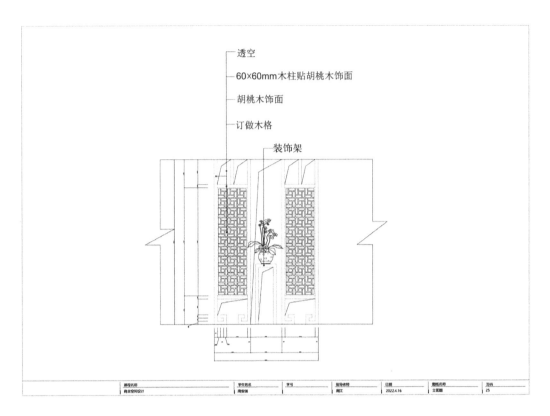

透空
60×60mm木柱贴胡桃木饰面
胡桃木饰面
订做木格
装饰架

图5-90 立面图2

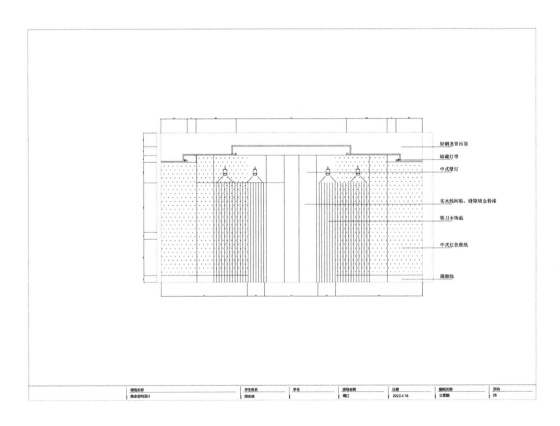

轻钢龙骨吊顶
暗藏灯带
中式壁灯
实木线间贴，缝隙填金粉漆
铁刀水饰面
中式红色壁纸
踢脚线

图5-91 立面图3

5.1.4　节点大样图

节点大样图（见图5-92，5-93）主要是对于有特殊造型的吊顶、地面、墙立面局部设计的放大表达，便于详细尺寸的标注和材料说明。大样图主要是用来表达家具、特殊结构等造型的具体施工结构图。因此，节点大样图的剖切符号应与平面图、立面图的符号一致，且大样图应标注尺寸、材质和施工做法。节点大样图常用的比例有1∶1，1∶2，1∶5，1∶10，1∶20等。

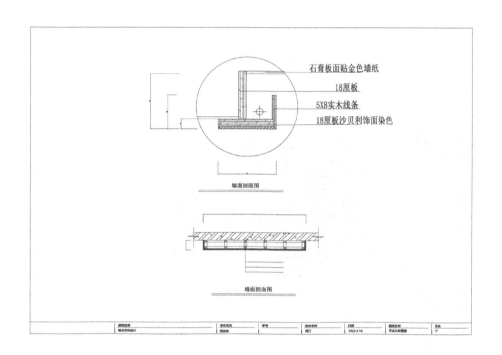

图5-92　节点大样图1

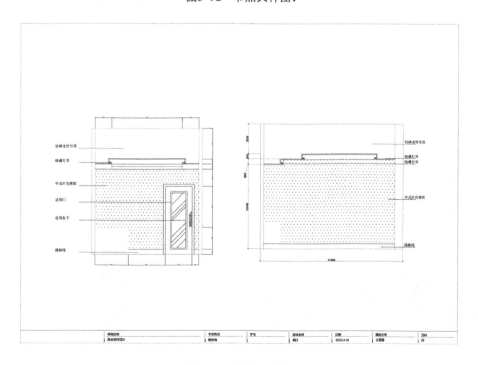

图5-93　节点大样图2

5.2 效果图

　　餐饮空间设计效果图在设计成果表达上最为凸显设计的最佳效果，是指运用透视原理在二维空间的图纸上表现三维空间展示效果（见图5-94，5-95）。创意餐饮空间的效果图通常有整体效果图和局部效果图两种。整体效果图是为了给餐饮空间的每一个区域以明确的定位，让人能够感受整个餐饮空间的规模、环境。局部效果图是主要表现空间局部的、能体现核心设计思想的效果图。效果图是设计方案中最重要的一个部分，效果图不仅能清晰地表达设计师的设计意图，还能使业主、施工方或项目的其他参与方能正确理解空间。效果图的表现方式按绘制方法不同可以分为手绘效果图和电脑效果图两种。

图5-94　效果图1

图5-95　效果图2

参考文献

[1] 杨婉. 餐饮空间设计 [M]. 武汉：华中科技大学出版社，2016.

[2] 休斯. 创意餐饮空间设计 [M]. 凤凰空间，译. 南京：江苏科学技术出版社，2014.

[3] 李振煜，赵文瑾. 餐饮空间设计 [M]. 北京：北京大学出版社，2019.

[4] 漂亮家居编辑部. 图解餐饮空间设计 [M]. 武汉：华中科技大学出版社，2018.

[5] 赵宇南. 餐饮空间设计 [M]. 青岛：中国海洋大学出版社，2014.

[6] 白鹏，邓鹃，张晓莉. 餐饮空间设计 [M]. 哈尔滨：哈尔滨工程大学出版社，2018.

[7] 李微. 关于空间形态设计基础教育的思考 [J]. 装饰，2006（11）：14–15.

[8] 邹寅，李引. 室内设计原理 [M]. 北京：中国水利水电出版社，2005.

[9] 郝大鹏. 室内设计方法 [M]. 重庆：西南师范大学出版社，2000.

[10] 陈新生. 室内设计资料图典 [M]. 合肥：安徽美术出版社，2004.

[11] 胡景初. 现代家具设计 [M]. 北京：中国林业出版社出版，1992.

[12] 陈正俊，张犇，张蓓蓓. 设计概论 [M]. 上海：东方出版中心，2012.

[13] 杜异. 照明系统设计 [M]. 北京：中国建筑工业出版社，1999.

[14] 张琦曼，郑曙旸. 室内设计资料集 [M]. 北京：中国建筑工业出版社，1991.

[15] 尼跃红. 室内设计形式语言 [M]. 北京：高等教育出版社，2003.

[16] 刘盛璜. 人体工程学与室内设计 [M]. 北京：中国建筑工业出版社，2004.

[17] 李永盛，丁洁民. 建筑装饰工程材料 [M]. 上海：同济大学出版社，2000.

[18] 盖尔. 交往与空间 [M]. 何仁可，译. 北京：中国建筑工业出版社，2002.

[19] 弗朗西斯·D. K. 钦. 建筑：形式·室内和秩序 [M]. 邹德侬，方千里，译. 北京：中国建筑工业出版社，1985.

[20] 赵江洪. 人机工程学 [M]. 北京：高等教育出版社，2006.

[21] 刘智. 建筑策划阶段的设计任务书研究 [J]. 住宅，2015（4）：75–79.

[22] 大师系列丛书编辑部. 弗兰克·盖里的作品和思想 [M]. 北京：中国电力出版社，2005.

[23] 于帆. 仿生设计的理念与趋势 [J]. 装饰，2013（4）：25–27.

[24] 姜喜龙，郑林风. 家具与陈设 [M]. 北京：中国水利水电出版社，2008.

[25] 程瑞香. 室内与家具设计人体工程学 [M]. 北京：化学工业出版社，2015.

169

参考网站

1. 序赞网http：//www.mt-bbs.com/portal.php

2. 设计在线中国http：//www.dolcn.com/

3. K8设计网http：//www.k8sj.com

4. 室内设计联盟https：//www.cool-de.com/

5. 建筑与室内设计师网http：//www.china-designer.com

6. 筑龙学社http：//www.zhulong.com/

7. CIID室内设计网http：//www.ciid.com.cn/

8. 室内设计与装修网http：//www.idc.net.cn/

9. 中国建筑装饰网http：//www.ccd.com.cn/

10. ABBS建筑论坛http：//www.abbs.com.cn/bbs/

11. 火星时代教育http：//edu.hxsd.com

12. 城外圈https：//www.cwq.com/weixin/84459.html

后　记

　　本教材适用于建筑设计、室内设计、环境艺术以及建筑装饰等设计专业，同时也可作为设计师学习、培训参考教材资料使用。本教材参考并引用了大量国内外相关文献及图片资料，在此对其作者表达深深的谢意。参考或引用的资料已尽量在参考文献中列出，其中有些无法确定或联系不到作者，如有不尽详细或遗漏之处谨致歉意。

　　本教材整个编写过程当中，得到了成角（上海）设计咨询有限公司创始人、新锐设计师曹鹿女士为本书的编写提供了详细的专业设计支持及修改意见。此外，上海师范大学天华学院周安琪、姜嫣然、崔新洁、徐俊萌、毛心怡、周雨晴、冯宇春仁、牛晓云等同学为本书的编写，提供了相应的优秀作品图片资料，为这本教材能够按照设想和计划完成提供了坚实的保障。在此深表感谢。更加重要的是在编写过程当中对于自己而言也是一个重新认知和学习的过程，这将对本人在将来的教学实践工作中有着极其重要的帮助和指导意义。

　　由于笔者学识有限，本书谬误之处在所难免，还望学界同仁不吝指教。

171

编者　周　江